系列图书主编

王毅栋

# NETWORK MEDIA
# DESIGN AND MAKING

创意无限系列图书

# 网络媒体
# 设计与制作

张俊梅 著

中国广播影视出版社

## 图书在版编目（CIP）数据

网络媒体设计与制作／张俊梅著．—北京：中国广播影视出版社，2016.1
（创意无限系列图书）
ISBN 978-7-5043-7590-2

Ⅰ.①网… Ⅱ.①张… Ⅲ.①网页制作工具—程序设计 Ⅳ.①TP393.092

中国版本图书馆 CIP 数据核字（2015）第 320302 号

### 网络媒体设计与制作

张俊梅 著

| | |
|---|---|
| 责任编辑 | 杨 凡 |
| 装帧设计 | 亚里斯 |
| 责任校对 | 谭 霞 |

| | |
|---|---|
| 出版发行 | 中国广播影视出版社 |
| 电　话 | 010 - 86093580　010 - 86093583 |
| 社　址 | 北京市西城区真武庙二条 9 号 |
| 邮政编码 | 100045 |
| 网　址 | www. crtp. com. cn |
| 微　博 | http://weibo. com/crtp |
| 电子信箱 | crtp8@ sina. com |

| | |
|---|---|
| 经　销 | 全国各地新华书店 |
| 印　刷 | 涿州市京南印刷厂 |

| | |
|---|---|
| 开　本 | 787 毫米×1092 毫米　1/16 |
| 字　数 | 337(千)字 |
| 印　张 | 19.5 |
| 版　次 | 2016 年 1 月第 1 版　2016 年 1 月第 1 次印刷 |

| | |
|---|---|
| 书　号 | ISBN 978-7-5043-7590-2 |
| 定　价 | 45.00 元 |

# 目　录

第三章　　　**Dreamweaver** / 38

## 第四章　　**Fireworks / 109**

## 第五章　　Flash / 154

第七章　网站设计与制作 / 279

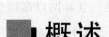

# 概述

当今的时代是网络媒体的时代，网络的诞生让人类的生活更便捷和丰富，到今天互联网已经成为生活中必不可少的一部分，从上网浏览网页到收发电子邮件，从聊 QQ 到写博客发微博，还有网上开店、网上购物以及网络游戏，互联网正飞速的发展着。从而促进全球人类社会的进步，并且丰富人类的精神世界和物质世界，让人类最便捷地获取信息。

## 1. 网络的诞生

网络起源于军事用途的研究，在 20 世纪 90 年代以前，Internet 的使用一直仅限于研究与学术领域。1969 年，出于军事方面的考虑，美国国防部高级研究计划管理局（ARPA-Advanced Research Projects Agency）开始建立一个命名为 ARPAnet 的网络，把美国的几个军事及研究用电脑主机联接起来。起初，ARPAnet 只联结 4 台主机，处在美国国防部高级机密的保护之下，那时的技术上来讲也不具备向外推广的条件。1977-1979 年，ARPAnet 推出了今天还在使用的 TCP/IP 体系结构和协议。1980 年前后，ARPAnet 上的所有计算机开始了 TCP/IP 协议的转换工作，并以 ARPAnet 为主干网建立了初期的 Internet。1986 年，美国国家科学基金会（National Science Foundation，NSF）利用 ARPAnet 发展出来的 TCP/IP 通讯协议，在 5 个科研教育服务超级电脑中心的基础上建立了 NSFnet 广域网。1989 年，由 CERN 开发成功 WWW，为 Internet 实现广域超媒体信息截取、检索奠定了基础。1991 年美国的三家公司分别经营着各自的网络 CERFnet、PSInet 及 Alternet，他们在一定程度上向客户提供 Internet 联网服务。他们还组成了"商用 Internet 协会"（CIEA），宣布用户可以把它们的 Internet 子网用于任何的商业用途。1991 年 6 月，在连通 Internet 的计算机中，商业用户首次超过了学术界用户，这是 Internet 发展史上的一个里程碑，从此 Internet 成长速度一发不可收拾。商业机构一踏入 Internet 的世界就发现了它在通讯、信息资料检索、客户服务等方面的巨大潜力。于是，互联网以难以想象的速度迅速地发展了起来。世界各地无数的企业及个人纷纷涌入 Internet，这样也带来了 Internet 发展史上一个新的巨大的飞跃。Internet 已经联系着超过 160 个国家和地区，4 万多个子网，500 多万台电脑主机，直接的用户超过 4000 万，成为世界上信息资源最丰富的电脑公共网络。

## 2. 网络媒体设计

21 世纪的今天，网络平台广泛应用于电子商务领域，同时网络也进入了千家万户，成为我们生活中不可缺少的一个部分，与每个人都有着千丝万缕的关系，每天我们都在与网络媒体打交道，如果想参与到网络当中就得了解并熟悉网络媒体设计。

媒体是信息传递和存储的最基本的技术和手段即信息的载体，是人与人交流的中介。随着网络的快速普及与发展，网络媒体成为我们生活中不可缺少的部分，因而网络媒体的设计就变得尤为重要。那到底什么是网络媒体设计，我们为什么要去学习网络媒体设计，又该如何去学习它呢？带着这些问题我们一步一步去走近网络媒体设计。网络媒体设计就是基于互联网的设计，而最基本的就是网页的设计，利用各种网站制作软件我们可以设计出各种网络应用。比如，个人网站、电子杂志、电子贺卡等。网络媒体设计包括设计技能和技术技能。因此，我们从基本的网页设计来开始网络媒体设计的旅程。先了解静态网页，了解网页设计软件，然后了解 HTML 代码、CSS 编写规则及 JavaScript 脚本语言，有了这个基础之后我们就可以进一步学习动态网页的制作了。

## 3. 常用网页软件

常用的网页设计与制作软件有 Dreamweaver、Flash 和 Fireworks。如图 1 所示，上面三个为其桌面图标，这些软件都是属于 Adobe 公司的软件（由于 Macromedia 公司 2005 年被 Adobe 并购，因此这些软件现为 Adobe 旗下产品），Dreamweaver 和

Flash 目前最新的版本是 CC，而主要用于网络图片处理的 Fireworks 软件止步于 CS6，因为 Adobe 公司觉得 Fireworks 和现有产品之间的重复变得越来越多，比如 Photoshop、Illustrator、Edge Reflow 等。

图 1　Dreamweaver、Fireworks 和 Flash 桌面图标

◆ Dreamweaver 简介

Adobe Dreamweaver，简称"DW"，中文名称"梦想编织者"，是美国 MACRO-MEDIA 公司开发的集网页制作和管理网站于一身的所见即所得网页编辑器，后由 Adobe 公司收购。DW 是第一套针对专业网页设计师特别发展的视觉化网页开发工具，利用它可以轻而易举地制作出跨越平台限制和跨越浏览器限制的充满动感的网页。Adobe Dreamweaver 使用所见即所得的接口，亦有 HTML（标准通用标记语言下的一个应用）编辑的功能。它有 Mac 和 Windows 系统的版本。随 Macromedia 被 Adobe 收购后，Adobe 也开始计划开发 Linux 版本的 Dreamweaver 了。目前最新版本为 Dreamweaver CC。

◆ Fireworks 简介

Fireworks 是 Macromedia 公司发布的一款专为网络图形设计的图形编辑软件，后由 Adobe 公司收购。它大大简化了网络图形设计的工作难度，无论是专业设计家还是业余爱好者，使用 Fireworks 都不仅可以轻松地制作出十分具有动感的 GIF 动画，还可以轻易地完成大图切割、动态按钮、动态翻转图等，因此，对于辅助网页编辑来说，Fireworks 将是最大的功臣。

2013 年 5 月 7 日，Adobe 宣布终结 Creative Suite（CS），同时宣布迎来 Creative Cloud（CC）全新系列应用和服务。MAX 大会上，Adobe 表示，Fireworks 不会包含在 CC 家族中，开发团队将专注于开发全新的工具来满足消费者的需求。这样做的主要原因是 Fireworks、Photoshop、Illustrator、Edge Reflow 之间在功能上有较多重叠。不过 Adobe 表示，Fireworks CS6 今后仍然可以使用，也可以购买，不过和 CS6

套装以及其他组件一样，只能买到数字版，而且 Adobe 不再为其开发新的功能，今后只是提供必要的安全更新和 Bug 修复。

◆ Flash 简介

Flash 又被称之为闪客，是由 Macromedia 公司推出的交互式矢量图和 Web 动画的标准，后由 Adobe 公司收购。网页设计者使用 Flash 创作出既漂亮又可改变尺寸的导航界面以及其他奇特的效果。Flash 的前身是 Future Wave 公司的 Future Splash，是世界上第一个商用的二维矢量动画软件，用于设计和编辑 Flash 文档。1996 年 11 月，美国 Macromedia 公司收购了 Future Wave，并将其改名为 Flash。后又于 2005 年 12 月 3 日被 Adobe 公司收购。Flash 广泛用于创建包含丰富的视频、声音、图形和动画的应用程序。可以在 Flash 中创建原始内容或者从其他 Adobe 应用程序（如 Photoshop 或 Illustrator）导入它们，快速设计简单的动画以及使用 Adobe ActionScript 3.0 开发高级的交互式项目。设计人员和开发人员可使用它来创建演示文稿、应用程序和网站等其他允许用户交互的内容。随着 Flash 版本的升级、功能的完善，它被广泛应用于网页制作、MTV、课件、游戏等各个领域。

# 4. 技术基础

◆ HTML 简介

超文本标记语言（HyperText Markup Language），标准通用标记语言下的一个应用。"超文本"就是指页面内可以包含图片、链接，甚至音乐、程序等非文字元素。超文本标记语言的结构包括"头"部分（英语：Head）和"主体"部分（英语：Body），其中"头"部提供关于网页的信息，"主体"部分提供网页的具体内容。静态网页中的每一个元素都对应一组 HTML 代码，HTML 类似程序编写，但又没有程序编写那么难。它其实是文本，它需要浏览器的解释，它的编辑器可以是基本文本、文档编辑软件，比如微软自带的记事本或写字板都可以编写，但要记得存盘时请使用 .htm 或 .html 作为扩展名，这样就方便浏览器认出直接解释执行了；另外也可以在 Dreamweaver 这类软件的"代码"视图中编写。

◆ CSS

CSS 是级联样式表（Cascading Style Sheet），是控制网页基本元素属性的代码集合。相对于传统 HTML 的表现而言，CSS 能够对网页中的对象的位置排版进行像素级的精确控制，支持几乎所有的字体字号样式，拥有对网页对象和模型样式编辑的能力，并能够进行初步交互设计，是目前基于文本展示最优秀的表现设计语言。CSS 能够根据不同使用者的理解能力，简化或者优化写法，针对各类人群，有较强的易读性。CSS 已经成为网页设计必须掌握的部分，是必须学习的部分。在利用浏览器菜单命令"文件/另存为"在本地存储某一个网页的时候，和此网页相关的 CSS 文件（文件扩展名为 .CSS）就会一起下载到相关目录下，可以供我们查看学习。

◆ JavaScript

JavaScript 是一种属于网络的脚本语言，被广泛用于 Web 应用开发，常用来为网页添加各式各样的动态功能，为用户提供更流畅美观的浏览效果。通常 JavaScript 脚本是通过嵌入在 HTML 中来实现自身的功能的。JavaScript 是编程语言，我们可以利用 JavaScript 脚本程序实现网页的更多交互效果，交互是网络媒体设计的典型特征，而提高我们的编程能力将能提升网络媒体设计的空间，有助于我们未来完成更多的设计项目。

◆ ActionScript

ActionScript（简称 AS）是由 Macromedia（现已被 Adobe 收购）为其 Flash 产品开发的，最初是一种简单的脚本语言，现在最新版本 ActionScript 3.0，是一种完全面向对象的编程语言，功能强大，类库丰富，语法类似 JavaScript，多用于 Flash 互动性、娱乐性、实用性开发，网页制作和 RIA（因特网应用程序）开发。当前的最新版本是 3.0，但对于初学者而言，ActionScript 2.0 语法简单、实例丰富，入门更快。

◆ 音频技术

网络媒体中不可缺少的部分还包括音频，它可以使我们的网络媒体内容更加丰富。数字音频由模拟声音经抽样、量化和编码后得到，不同的数字音频设备一般都对应着不同的音频文件。常见的格式有：WAV 格式（微软公司开发的音频格式）、MIDI（乐器数字接口的缩写，数字音乐与电子合成乐器的统一国际标准）、MP3（高音质、低采样率的数字音频压缩格式）、WAV（微软开发的音频压缩格式，压缩率胜过 MP3）、QuickTime（苹果公司研发的数字流媒体）、RealAudio（Real Networks 公司推出的一种可以实时传输音频信息的格式）及 AIFF 等。在网络媒体设计的初始阶段可以选择 MP3 之类识别性强、流行度高的音频格式。

# 第一章
# 网页设计与制作基础

**本章要点**：网页与网站的基本概念及相关知识、网站开发工具及创建流程、网页的色彩搭配及应用，通过具体的实例来真正认识网页与网站。

网站作为网络媒体重要的部分，掌握一些基础的网络媒体设计技能，学习如何建立网站、如何制作网页会让我们真正参与到这个网络时代，这样才能更好地利用网络媒体，在这个网络媒体时代发挥自己最大的潜能。

## 1.1 初识网站与网页

在这个信息时代，网络成为我们生活必不可少的部分，每天通过网站我们获得大量的信息，实际上，网站像是一本大厚书，由一张一张的网页组成，把这些网页关联起来就成为了网站，如图1-1是搜狐网站的主页。

图1-1　搜狐网站主页

网页就是网站最基本的元素，把正确的网址输入浏览器之后就可以打开相应的网页了。如图 1-2 所示。

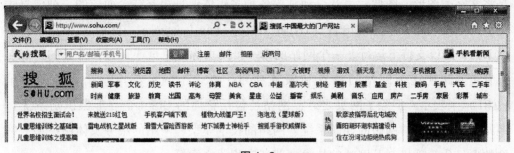

图 1-2

网址：

　　下面我们来制作一个简单的网页，制作工具可以用记事本或者写字板，网页的内容为"我的第一个网页"，网页标题为"我的主页"。打开记事本或者写字板，然后输入如下代码：

```
<html>

<head>

<title>我的主页</title>

</head>

<body>

我的第一个网页

</body>

</html>
```

　　保存位置到"桌面"，文件名为"test1.html"，双击可在浏览器打开网页，制作结果如图 1-3 所示。

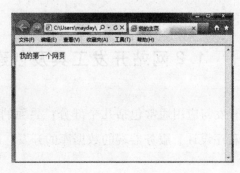

图 1-3

◆网页

网页是组成网站的关键元素和最直观的元素，是因特网中最基本的信息单位，是将文字、图形、图像、声音、动画等各种多媒体信息相互结合而成的一种信息表达。网页是用超文本标记语言（Hyper Text Markup Language，HTML）编写的，并在 HTTP 协议支持下运行。一个网站的第一个网页称为主页或首页，常见的扩展名有它主要体现这个网站的特点和服务项目。每一个网页都由一个唯一的地址（URL）来表示。但除了网页之外，网站还包括整体的 CIS（企业形象识别系统）、网站的文件系统、网站的导航系统、网站的技术模型、网站的服务及体贴模型、网站的项目化管理机制及网站的技术规范还有相关文案等。

网页可以分为静态网页和动态网页。静态网页页面上的内容和格式一般不会改变，对用户而言只能浏览网页，静态网页的内容相对稳定，因此容易被搜索引擎检索，但是静态网页没有数据库的支持，在网站制作和维护方面工作量比较大，因此当网站信息量很大时，完全依靠静态网页制作方式比较困难；动态网页的内容可以随着用户的输入和互动而有所不同，即有交互性，动态网页以数据库技术为基础，这样可以大大降低网站维护的工作量，因此网站除了网页还包括域名、后台管理、数据库及服务器等。

◆网站

网站（Website）开始是指在因特网上，根据一定的规则，使用 HTML（超文本标记语言）等工具制作的用于展示特定内容的相关网页的集合。简单地说，网站是一种沟通工具，人们可以通过网站来发布自己想要公开的资讯，或者利用网站来提供相关的网络服务。人们可以通过网页浏览器来访问网站，获取自己需要的资讯或者享受网络服务。衡量一个网站的性能通常从网站空间大小、网站位置、网站连接速度（俗称"网速"）、网站软件配置、网站提供服务等几方面考虑，最直接的衡量标准是网站的真实流量。

# 1.2 网站开发工具及创建流程简介

网站的开发与应用通常包括几个部分：界面的应用设计、客户端的程序设计、服务器端的程序设计、服务器端的数据库的开发、网站的测试及网站的发布、维护与更新。

目前网站开发界面设计的主流工具有 Adobe 公司的 Adobe Studio 套件、Adobe Web Publish 套件以及 Microsoft FrontPage 等，其中 Adobe Studio 套件包括 Dreamweaver（网页编排与 web 应用程序开发）、Flash（网页动画制作）、Fireworks（网页图像处理与设计）、FreeHand（矢量绘图软件）等；Adobe Web Publish 套件包含 Photoshop（图像处理与设计）、Illustrator（矢量绘图）、Golive（网页编排）、LiveMotion（网页动画制作）等。

客户端的程序设计需要 JavaScript 或 VBScript 实现。服务器端程序设计主要利用 CGI、ASP、PHP 和 JSP 等工具进行基于 Web 应用的程序开发。服务器端数据库的开发中常用的数据库工具主要有 Microsoft Access、Microsoft SQL Server 及 MySQL 等，不同类型的数据库工具对应着某种特定的服务器端程序开发工具。网站的发布、维护与更新通常会使用 FTP 软件，比如 CuteFTP 和 LeapFTP 之类的。

# 1.3 网站规划与网页设计

创建网站的主要目的是信息的共享、产品的宣传与推广，因此首先要进行网站的需求分析，其次进行网页的设计，只有制作出精美的、布局合理的、使用方便的网页才可以赢得用户的喜爱，获得很大的访问量。

## 1.3.1 网站的类别

通常来说，网站的分类没有严格的标准，但基本的原则是可以根据网站的规模与功能进行分类，我们简单把网站分为综合门户类、垂直门户类和个人网站，也可以按使用性质分为门户型、企业型、商城等。根据站点的不同，设计的任务也不同。如果是资讯类站点，像新浪、网易、搜狐等门户网站。这类站点将为访问者提供大量的信息，而且访问量较大。因此，需注意页面的分割、结构的合理、页面的优化、界面的亲和等问题。如果是资讯和形象相结合的网站，像一些较大的公司、国内的高校等。这类网站在设计上要求较高，既要保证资讯类网站的上述要求，同时又要突出企业、单位的形象。

## 1.3.2 网站的需求分析与规划

大概了解了网站的分类，接下来就可以进行网站的需求分析与规划了。

### 1. 确定网站的主题

制作网站之前要先确定网站的性质和针对人群，然后开始组织网站的主要内容。如果是企业宣传的网站，那主要内容就应该是企业的经营项目、企业背景及企业荣誉等；如果是电子商务网站，针对人群是消费者，主要内容就应该是关于商品的各种信息；如果是个人网站，那就根据个人要求和喜好来选择内容了。

### 2. 规划网站栏目

确定网站内容后，就可以规划栏目了，合理的规划栏目便于浏览者浏览，也有利于网站将来的维护与更新。如果主栏目下面还有子栏目也应该在这个阶段规划清楚。图 1-4 是一个个人网站的简单结构图。

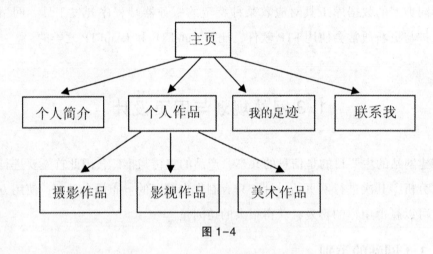

图 1-4

### 3. 准备网页制作素材

接下来就是准备网页制作所需要的素材了，包括文字资料、图片、视频、动画、声音等，这些素材有时候是客户提供，有时候需要自己收集，但一定要保证素材的真实性与合法性。

### 4. 网页版式设计

版式是设计网页时一个重要的因素，总的来说网页布局有网站 Logo、导航栏和广告条，中间大块的区域是各个板块，网页的底部为网站信息区，这些都需要在网页制作之前好好规划。优秀的网页设计需要服务于网站的主题，因此，设计是艺术和技术结合的产物，注重网页"美"的同时也要实现其"功能"，要保证网页上的每一个元素都有其存在的必要性。网页设计中切忌页面过于拥塞、花哨、无特色或者不实用。网页设计中另一个要考虑的问题是网页的尺寸，一般只设计宽度，现在国内网站的宽度一般是 950 到 1024 之间，如果是做门户类网站，建议宽度是 960

像素，高度一般不限定。如果是做企业站或者时尚一些的网站，就可以是 980 像素或者 1000 像素左右。

5. 网页的色彩搭配

网页设计中还要考虑是色彩搭配，色彩搭配在网页设计中是非常重要的一个环节。色彩的基本搭配应该注意首先要给出网站的基本色调，网站的背景色尽量选择类似黑色或白色这种好搭配的颜色，可以充分利用同类色、邻近色和对比色来增强网页的层次感、丰富网页的色彩或者突出网页中某些重要的板块（比如导航栏或者板块标题）。

# 1.4 网站赏析

网易 http://www.163.com，最常见的综合类门户网站的布局，白色的背景，左上角醒目的 Logo 及旁边的动态广告条都是网页中常见的布局，门户网站都是新闻的集大成者，每天都会有大量的新闻条目更新，因此，其版式设计必须遵从简洁易读、分类清晰、弱化个性的原则（如图 1-5）。

图 1-5

联想官网 http://www.lenovo.com.cn/，属于公司网站，公司网站的版式结合了公司文化、VI 视觉标准等内容，个性突出，同时包含了与公司产品、服务相关的大量信息，使用户进行针对性信息查询（如图 1-6）。

图 1-6

个人网站与公司网站相比，个人网站的商业性和结构性不是那么强，可以按照个人的想法在设计上更为自由、大胆，更讲究视觉的冲击力和结构设计的创新（如图 1-7）。

图 1-7

## 1.5 练习与实践

1. 简述网站与网页的关系。

2. 制作网页常用到哪些软件？各有什么特点？

3. 常见的网页元素包括哪些？

4. 为自己做一个个人网站规划图。

# 第二章
# HTML 与 JavaScript 基础

**本章要点**：HTML 的基本结构、主要标记及标记属性、编写规则；JavaScript 的基本语法知识；HTML 与 JavaScript 的综合应用。

网页设计与制作的工具可以为两类：一类是可视化的设计工具；另一类就是手工编写的网页设计语言脚本。下面就来介绍网页设计语言 HTML 以及 Web 程序语言 JavaScript 的基础知识。

## 2.1 HTML

网页是由 HTML 代码构成的程序文件，HTML（HyperText Mark-up Language）即超文本标记语言或超文本链接标示语言，是目前网络上应用最为广泛的语言，也是构成网页文档的主要语言。虽然我们现在可以利用 FrontPage、Dreamweaver 等可视化工具方便、直观地设计制作网页，但在这之前，网页设计师一般都是用手工编写 HTML 代码的方式来创建网页的。

学习 HTML 语言，不仅能够让我们了解网页的制作原理和运行机制，而且能够帮助我们制作专业水准的网站。当你想要开发动态网页或者创建出符合自己特色的网站时必须要熟练掌握 HTML 及其相关技术。

HTML 可以在记事本/写字板中编写，编写完成后保存时修改扩展名即 *.html 或者 *.htm，也可以在 FrontPage、Dreamweaver 等可视化工具的代码界面下编写。

### 2.1.1 HTML 基本概念

HTML 中经常见到的几个概念包括标记、标记属性、标记属性值、相对路径、绝对路径、URL、双向标记与单项标记。

◇标记：HTML 代码中最基本的单位，网页中所有对象的样式均需通过一定的

HTML 标记对其进行相关定义才能实现。标记的关键字必须放在成对出现的尖括号中 "<>"。比如<hr>水平线标记，用来定义并生成网页中的水平线。

◇标记属性：用来丰富标记功能的关键字，每个 HTML 标记都有一些标记属性，标记属性与标记属性之间用空格分隔。<hr size = " 1 " color = " #ff0000 ">这段代码表示生成水平线并定义了水平线的粗细与颜色，其中 size、color 就是<hr>标记的两个属性。

◇标记属性值：标记属性对应的具体值。<hr size = " 1 " color = " #ff0000 ">这段代码中有 size 属性，对应的属性值为 1，且最好用 " " 引号将属性值括起来，当属性值之间有空格时则必须用引号括起来。

◇相对路径：指当前文件相对于本站点内部或本局域网内部某个文件之间的位置。比如格式为：myweb/music/music_ 1. html。

◇绝对路径：网页在全球范围呢唯一的路径，通常网站正式发布到 Web 服务器后，所有的相对路径都会转换成绝对路径。

◇URL：中文译名为"统一资源定位器"（Uniform Resource Locator），网页制作中的相对路径与绝对路径统称为 URL。

◇双向标记：标记成对出现，有开始部分与结束部分组成，比如<html>与</html>，结束部分比开始部分多了一个"/"。双向标记的标记属性必须在标记开始部分进行定义。

◇单向标记：只有一个标记，只有开始部分，没有结束部分，比如前面提到的<hr>。

## 2.1.2 HTML 文件的基本结构

<html> ……………………………………（HTML 文档的开始）

<head> ……………………………………（HTML 文档头部的开始）

<title> ……………………………………（HTML 文档标题信息的开始）

</title> ……………………………………（HTML 文档标题信息的结束）

</head> ……………………………………（HTML 文档头部的结束）

<body> ……………………………………（HTML 文档主体的开始）

</body> ……………………………………（HTML 文档主体的结束）

</html> ……………………………………（HTML 文档的结束）

HTML 的结构包括头部（Head）、主体（Body）两大部分，其中头部描述浏览

器所需的信息，而主体则包含所要说明的具体内容。

下面简单介绍主要标记及标记属性：

1. <body></body>标记有多个标记属性，用来控制当前 HTML 文件的页面属性。onload 属性（载入函数，取值为 URL）、bgcolor（文件背景颜色，取值为颜色值）、text 属性（文件文本颜色，取值为颜色值）、background 属性（文件背景图像，取值为 URL）、link 属性（链接的初始颜色，取值为颜色值）、vlink 属性（链接访问后的颜色，取值为颜色值）、alink 属性（链接被激活的颜色，取值为颜色值）、leftmargin 属性（文件的左边界，取值为正整数，单位为像素）、topmargin 属性（文件的上边界，取值为正整数，单位为像素）、marginwidth 属性（文件的边界宽度，取值为正整数，单位为像素）、marginheight 属性（文件的边界高度，取值为正整数，单位为像素）。

2. 文本标记

1）标题级数标记<h></h>共六级，<h1></h1>一级标题、<h2></h2>二级标题，以此类推，<h6></h6>为六级标题。举例如下：

<html>

<head>

<title>标题级数举例</title>

</head>

<body>

<h1>这是一级标题的大小</h1>

<h2>这是二级标题的大小</h2>

<h3>这是三级标题的大小</h3>

<h4>这是四级标题的大小</h4>

<h5>这是五级标题的大小</h5>

<h6>这是六级标题的大小</h6>

</body>

</html>

浏览器显示的效果如图 2-1：

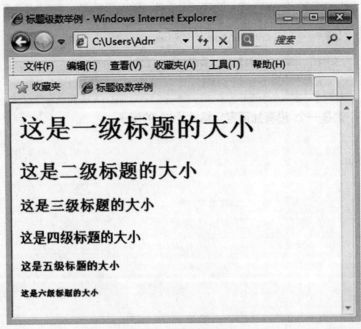

图 2-1

2）文本预定义格式标记<pre></pre>，该标记没有属性。文本的换段、换行及空格需要通过此标记实现。举例如下：

<html>

<head>

<title>文本预定义格式</title>

</head>

<body>

这是一个

没有加预定义格式标记

的例子

</body>

</html>

浏览器显示的效果如图 2-2（a）：

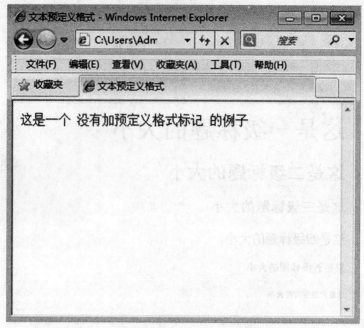

图 2-2（a）

把上面的例子修改为

<html>

<head>

<title>文本预定义格式</title>

</head>

<body>

<pre>

这是一个

没有加预定义格式标记

的例子

</pre>

</body>

</html>

浏览器显示效果为图 2-2（b）：

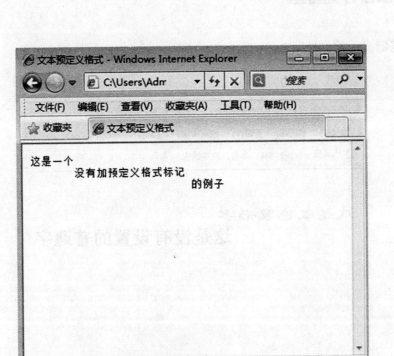

图 2-2（b）

3）文字格式标记<font></font>，对应的属性有 face 属性（字体，取值为系统中存在的某种字体的名称）、size 属性（字号，取值为像素值）、color（颜色，取值为颜色值）。例如：

```
<html>
<head>
<title>字体、字号、文本颜色</title>
</head>
<body>
<pre>
<h2>
<font face＝"隶书" color＝"#ff0000">这是红色隶书字</font>
这是没有设置的普通字
</h2>
</pre>
</body>
</html>
```

浏览器显示效果见图 2-3：

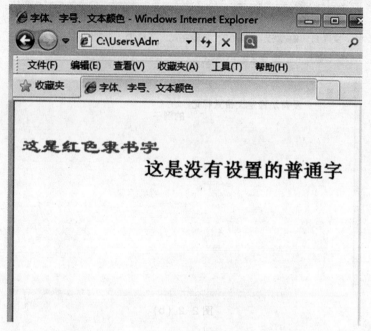

图 2-3

4）文本的粗体、斜体、下划线及对齐标记。粗体标记<b></b>、斜体标记<i></i>、下划线<u></u>、对齐标记<div></div>指的是文本相对于浏览器的对齐方式，<div></div>常用的属性是 align（取值为 Left 左对齐、Center 居中、Right 右对齐）。例如：

```
<html>
<head>
<title>字形及对齐方式举例</title>
</head>
<body>
<b><div align = " left " >这是粗体左对齐</div></b>
<i><div align = " center " >这是斜体居中</div></i>
<u><div align = " right " >这是下划线右对齐</div></u>
</body>
</html>
```

浏览器显示效果为图 2-4：

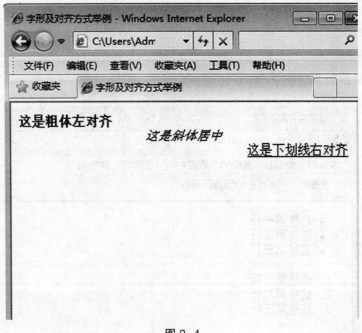

图 2-4

5）项目符合和项目编号标记。项目符号标记<ul><li></li></ul>和项目编号标记<ol><li></li></ol>都是由两组标记组合定义。例如：

<html>

<head>

<title>字形及对齐方式举例</title>

</head>

<body>

<ul>

<li>这是第一行</li>

<li>这是第二行</li>

<li>这是第三行</li>

</ul>

<ol>

<li>这是第一行</li>

<li>这是第二行</li>

<li>这是第三行</li>

```
</ol>
</body>
</html>
```

浏览器显示效果为图 2-5：

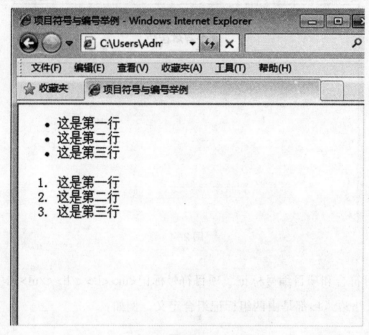

图 2-5

6）换行与分段标记。这两个标记属于单向标记，换行标记<br>、分段标记<p>。例如：

```
<html>
<head>
<title>换行与分段举例</title>
</head>
<body>
我们来举一个换行和分段的例子<br>这是换行哦！<p>这是分段呀！
</body>
</html>
```

浏览器显示效果为图 2-6：

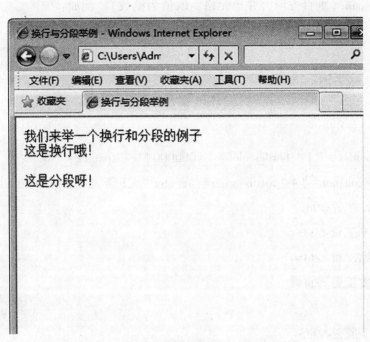

图 2-6

3. 表格标记。表格标记由<table><tr><td></td></tr></table>三个标记组合完成，<table></table>定义表格，标记属性有 name（表格名称，取值为合法的字符串）、width（表格的宽度，取值为以像素为单位的绝对值或者以百分比为单位的相对值）、height（表格的高度，取值为以像素为单位的绝对值或者以百分比为单位的相对值）、border（表格的边框线，取值为像素值）、bordercolor（表格边框线的颜色，取值为颜色值）、cellspacing（表格的单元格之间的间距，取值为像素值）、cellpadding（表格中行的高度，取值为像素值）、bgcolor（表格的背景颜色，取值为颜色值）、background（表格的背景图像，取值为 URL）、align（对齐方式，取值为 left、center、right）；<tr></tr>定义行；<td></td>定义列，属性标记有 width（单元格的宽度，取值为以像素为单位的绝对值或者以百分比为单位的相对值）、height（单元格的高度，取值为以像素为单位的绝对值或者以百分比为单位的相对值）、border（单元格的边框线，取值为像素值）、bordercolor（单元格边框线的颜色，取值为颜色值）、bgcolor（单元格的背景颜色，取值为颜色值）、background（单元格的背景图像，取值为 URL）、align（单元格水平对齐方式，取值为 left、center、right）、valign（单元格垂直对齐方式，取值为 top 顶部对齐、middle 垂直居中、bottom 底部对齐、baseline 基线对齐）、colspan（水平方向合并单元格，取值为整数），rowspan（垂直方向合并单元格，取值为整数）。例如：

```
<html>
<head>
<title>表格举例</title>
</head>
<body>
<table border = " 1 " bordercolor = " #000000 " cellspacing = " 0 " >
<tr><td colspan = " 4 " ><div align = " center " >工资表</td></tr>
<tr><td>姓名</td>
<td>基本工资</td>
<td>津贴工资</td>
<td>应发工资</td>
</tr>
<tr><td>张三</td>
<td>1500</td>
<td>500</td>
<td>2000</td>
</tr>
<tr><td>李四</td>
<td>1800</td>
<td>600</td>
<td>2400</td>
</tr>
</body>
</html>
```

浏览器显示效果见图 2-7：

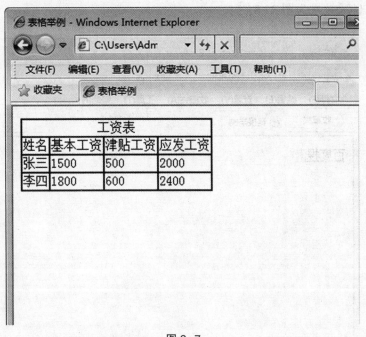

图 2-7

4. 图像标记<img>，属性有 src（图像的路径，取值为 URL），width（图像的宽度，取值为像素值），height（图像的高度，取值为像素值），border（图像的边框线，取值为像素值），alt（图像的提示信息，取值为字符串）。

图像标记的语法 < img src = " URL " width = " number " height = " number " border = " number " alt = " character " >

5. 链接标记<a></a>，属性为 href（链接源的目标 URL，取值为 URL），title（链接源的提示信息，取值为字符串），name（锚点链接的锚点名称，取值为字符串）。例如：

```
<html>
<head>
<title>链接举例</title>
</head>
<body>
<a href= " http：//www. baidu. com " >百度搜索</a>
</body>
</html>
```

浏览器显示效果为图2-8：

图2-8

6. 表单标记：

1）表单域标记<form></form>；

2）单行文本域标记，包括普通文本域和密码文本域，普通文本域的语法描述为<input type = " text " name = " character " size = " number " value = " character " maxlength = " number " >；密码域的语法描述为<input type = " password " name = " character " size = " number " value = " character " maxlength = " number " >；

3）多行文本域标记<textarea></textarea>，属性为 rows（行数，取值为正整数）cols（列数，取值为正整数）name（名称，取值为字符串）；

4）复选框标记，语法描述为<input type = " checkbox " name = " checkbox_ name " value = " sport " checked>；

5）单选按钮标记，语法描述为<input type = " radio " name = " radio_ name " value = " football " checked>；

6）下拉菜单或下拉列表标记<select><option></option></select>，当标记属性 size 的值设为1时表示下拉菜单，大于1时即为下拉列表；

7）按钮标记，语法描述为 < input type = " submit/button/reset " value = "

character " name ＝ " character " >当 type 的值为 submit 时表示提交按钮、button 时表示普通按钮、reset 时表示重置按钮。综合实例如下：

<html>

<head>

<title>表单综合实例</title>

</head>

<body>

<h3>请填写如下注册信息</h3>

<hr size＝ " 1 " color＝ " #cccccc " >

<p>

<form name＝ " zc_ form " >

用户名：<input type＝ " text " name＝ " xm " size＝ " 20 " >

<p>

性别：<input type＝ " radio " mane＝ " male " value＝ " e " > ；男  ；< input type＝ " radio " mane＝ " female " value＝ " f " > ；女<p>

请输入您的密码：<input type＝ " password " mane＝ " m1 " size＝ " 10 " ><p>

请再输一次密码：<input type＝ " password " mane＝ " m2 " size＝ " 10 " ><p>

你的兴趣爱好：<input type＝ " checkbox " mane＝ " xq1 " value＝ " a " > ；唱歌  ；<input type＝ " checkbox " mane＝ " xq2 " value＝ " b " > ；旅游  ；<input type＝ " checkbox " mane＝ " xq3 " value＝ " c " > ；摄影  ；<input type＝ " checkbox " mane＝ " xq4 " value＝ " d " > ；体育  ；<p>

你所在的地区：<select><option>＝请选择省份＝</option>

<option>北京</option>

<option>上海</option>

<option>山西</option>

<option>湖南</option>

<option>陕西</option>

</select><p>

对我们的意见和建议：<p>

<textarea rows＝ " 5 " cols＝ " 45 " name＝ " text " > </textarea><p>

<input type＝ " submit " value＝ " 提交 " name＝ " tj " >  ； ； ；

    <input type = " reset " value = " 重填 " name = " ct " >

</form>

</body>

</html>

浏览器显示效果为图 2-9：

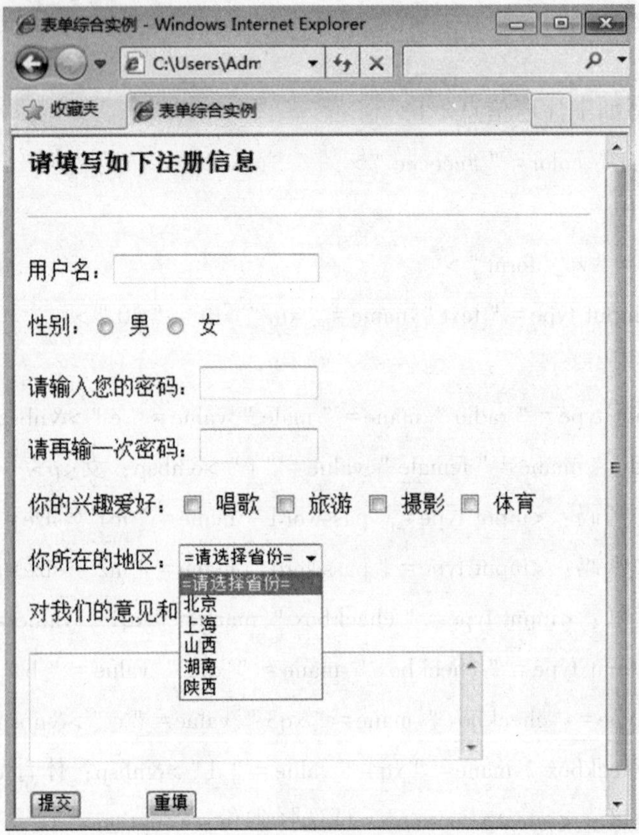


图 2-9

## 2.2 JavaScript 基础

JavaScript 是常用的 Web 编程语言，简单易学，功能强大，利用 JavaScript 编写的程序可以应用与客户端也可以应用于 Web 服务器端。我们在 HTML 中嵌入 JavaScript 可以加强网页的效果，嵌入的方式有两种，既可以直接将 JavaScript 代码嵌入到 HTML 源代码中，也可以用外联的方式将 JavaScript 代码嵌入到 HTML 源代码中。

### 2.2.1 JavaScript 基本语法

下面来介绍 JavaScript 中的变量、基本数据、运算符、基本语句和函数等知识。

1. 变量：变量是存取数字、提供存放信息的容器。对于变量，必须明确变量的命名、变量的类型、变量的声明及其变量的作用域。

◆变量的命名

JavaScript 中的变量命名同其计算机语言非常相似，这里要注意以下几点：必须是一个有效的变量，即变量以字母开头，中间可以出现数字如 test1、test2 等。除下划线作为连字符外，变量名称不能有空格、(+)、(-)、(,) 或其他符号；不能使用 JavaScript 中的关键字作为变量。在 JavaScript 中定义了 40 多个关键字，这些关键字是 JavaScript 内部使用的，不能作为变量的名称。如 Var、Int、Double、Ttrue 等。在对变量命名时，最好把变量的意义与其代表的意思对应起来，以免出现错误。

◆变量的声明

JavaScript 可以在使用前先声明，并可赋值。通过使用 var 关键字对变量作显式声明，如 var a。在 JavaScript 中，变量可以不作声明，而在使用时再根据数据的类型来明确其变量的类型。对变量作声明的最大好处就是能及时发现代码中的错误。因为 JavaScript 是采用动态编译的，而动态编译是不易发现代码中的错误，特别是变量命名的方面。

◆变量的作用域

在 JavaScript 中有全局变量和局部变量。全局变量是定义在所有函数体之外，其作用范围是整个函数；而局部变量是定义在函数体之内，只对其该函数是可见的，而对其他函数则是不可见的。

2. 基本数据类型：在 JavaScript 中基本的数据类型共有 3 种：布尔型（Boolean）、数字型（Number）、字符型（String）。

◆布尔型（Boolean）的返回值只能是 false（假）和 true（真）是比较运算的运算结果。

◆数字型（Number）是 JavaScript 中最基本的类型，正数的取值范围为 5e-324~1.797693e+308，负数的取值范围为-1.797693e+308~-5e-324。

◆字符型（String）是指包含在两个单引号（' '）或双引号（" "）之间的字符，也包括空格。

3. 运算符：在 JavaScript 中数据的运算符有逻辑运算符、比较运算符、算术运算符、赋值运算符及字符串运算符等。

◆逻辑运算符：共有三个，逻辑与（&&）、逻辑或（｜｜）和逻辑非（！）。运算结果见表 2-1：

表 2-1

| 运算符 | 操作数 | 操作数 | 操作数 | 结果 |
|---|---|---|---|---|
| && | 操作数 A | …… | 操作数 N | 所有操作数为 true，则结果为 true；只要有一个操作数为 false，则结果为 false |
| ｜｜ | 操作数 A | …… | 操作数 N | 只要有一个操作数为 true，则结果为 true；所有操作数为 false 则结果为 flash |
| ！ | 操作数 A | | | 操作数 A 为 true 结果为 false；操作数 A 为 false 结果为 true |

◆比较运算符。比较运算符的结果为布尔值（false 或 true），运算符说明见表 2-2：

表 2-2

| 运算符 | 说明 | 举例 |
|---|---|---|
| ＝＝ | 运算符左右两个数的值相等则返回 true 否则返回 false | 2＝＝2（返回 true）<br>3＝＝7（返回 false） |
| ！＝ | 运算符左右两个数的值不相等则返回 true 否则返回 false | 3！＝7（返回 true）<br>2＝＝2（返回 false） |
| ＞ | 运算符左边的值比运算符右边的值大返回 true 否则返回 false | 7＞3（返回 true）<br>3＞7（返回 false） |
| ＜ | 运算符左边的值比运算符右边的值小返回 true 否则返回 false | 3＜7（返回 true）<br>7＜3（返回 false） |
| ＞＝ | 运算符左边的值大于或等于运算符右边的值返回 true 否则返回 false | 7＞＝7（返回 true）<br>3＞＝7（返回 false） |
| ＜＝ | 运算符左边的值小于等于运算符右边的值返回 true 否则返回 false | 3＜＝3（返回 true）<br>7＜3（返回 false） |
| ＝＝＝ | 运算符左右两个数的值和数据类型同时相等则返回 true 否则返回 false | 2＝＝＝2（返回 true）<br>2＝＝＝"2"（返回 false） |
| ！＝＝ | 运算符左右两个数的值和数据类型都不相等则返回 true 否则返回 false | 2！＝＝"2"（返回 true）<br>2！＝＝2（返回 false） |

◆算术运算符。运算符说明见表 2-3：

表 2-3

| 运算符 | 说明 | 举例 |
|:---:|:---:|:---:|
| + | 运算符左右两个数相加 | $3+7=10$ |
| - | 运算符左右两个数相减 | $7-3=4$ |
| * | 运算符左右两个数相乘 | $3*7=21$ |
| / | 运算符左右两个数相除 | $4/2=2$ |
| ++ | 操作数加 1 | $Var\ a=1$；$a<=10$；$a++$ |
| -- | 操作数减 1 | $Var\ a=1$；$a<=10$；$a--$ |
| % | 求运算符左右两个数相除的余数 | $7\%3=1$ |
| - | 操作数的相反数 | $Var\ a=1$；$var\ b=-a$ |

◆赋值运算符。运算符说明见表 2-4：

表 2-4

| 运算符 | 举例 | 说明 |
|:---:|:---:|:---|
| = | Var a=1 | 把数值 1 赋值给变量 a |
| += | a+=b | 把 a 与 b 的值相加后赋值给 a，相当于 a=a+b |
| -= | a-=b | 把 a 与 b 的值相减后赋值给 a，相当于 a=a-b |
| *= | a*=b | 把 a 与 b 的值相乘后赋值给 a，相当于 a=a*b |
| /= | a/=b | 把 a 与 b 的值相除后赋值给 a，相当于 a=a/b |
| %= | a%=b | 把 a 与 b 的值相除后取余数赋值给 a，相当于 a=a%b |
| ^= | a^=b | 把 a 的 b 次方的值相赋值给 a，相当于 a=a^b |

◆字符串运算符。运算符说明见表2-5：

表2-5

| 运算符 | 说明 | 举例 |
|---|---|---|
| + | 字符串连接 | Var a = " stu " var b = " dent " var c = a+b 那么 c 的值就是 " student " |
| + = | 字符串的赋值连接 | Var a = " stu " var b = " dent " a + = b 那么 a 的值就是 " student " |

4. 基本语句：JavaScript 中基本语句有顺序语句、条件语句和循环语句三种。

◆顺序语句。JavaScript 中常见的语句，会按照程序代码编写的先后顺序执行，没有分支没有跳转。

◆条件语句。有两种形式：

第一种：条件成立时执行，不成立不执行。

If（判断条件：关系表达式）

{

条件成立执行语句

}

第二种：条件成立时执行1，条件不成立执行2。

If（判断条件：关系表达式）

{

条件成立执行语句

} else {

条件不成立时执行语句

}

◆循环语句。JavaScript 中的循环语句有很多种，在此介绍两种，for 循环和while 循环。

第一种：for 循环语句的功能是实现条件循环，当条件成立时执行特定语句集，否则将跳出循环。也就是说，必须在满足某个前提条件时才能够执行。

for（初始化；条件；增量）

{

循环语句

}

其中，" 条件 " 是用于判别循环停止时的条件。若条件满足，则执行循环体，否则将跳出。" 增量 " 用来定义循环控制变量在每次循环时按什么方式变化。三个主要语句之间，必须使用分号分隔。

比如：

var a = 0;

for （var i = 0；i < = 10；i++）

{

a = a+i；

}

第二种：while 循环语句，与 for 语句一样，当条件为真时重复循环，否则将退出循环。

while （条件）

{

循环语句

}

比如：

var i = 0；

while （i < = 10）

{

var a = 0；

a = a+i；

i + +；

}

5. 函数：JavaScript 中有内置函数与自定义函数，内置函数可以在脚本的任意位置随时调用；自定义函数必须先定义后调用。

自定义函数的语法：

Function 函数名称（参数 1，参数 2，……，参数 n）

{

函数体

}

在 JavaScript 脚本中调用自定义函数有两种方法。第一种方法：先在 HTML 文件的<head></head>标记之间定义函数，然后通过<body></body>标记的 onload 等事件调用自定义函数。第二种方法：通过表单元素的鼠标事件调用自定义函数，此时函数的定义可以放在 HTML 的源代码的任意位置，即放在<head></head>标记之间或者放在<body></body>标记之间都可以。

### 2.2.2 JavaScript 中常用对象的使用

1. document 对象

◆信息的输出，在 JavaScript 中信息的输出使用 dovumen 对象的 document.write 方法，例如：

```
<html>
<head>
<title>表单综合实例 document 对象的实例 1</title>
</head>
<body>
<form name = " abc " >
请输入姓名<input type = " text " name = " xm " size = " 20 " ><p>
<input type = " button " value = " 请单击此处 " onclick = " view（ ） " >
</form>
<script language = " javascript " >
<! --
function view（ ） {
var xm = document. abc. xm. value；
document. write（ " 你好! " +xm）；
}
//-->
</script >
</body>
</html>
```

浏览器显示效果为图 2-10：

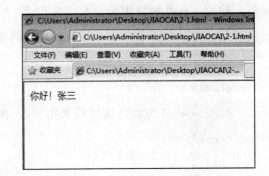

图 2-10

◆获取表单初始值，假设表单域 name 属性的属性值为 bdyu，表单元素 name
属性的属性值为 bdys，则利用 document 对象获取表单元素初始值的基本语法为：

document. bdyu. bdys. value

◆表单元素的聚焦，指将光标的焦点定位到表单元素上。假设表单域 name 属
性的属性值为 bdyu，表单元素 name 属性的属性值为 bdys，则表单元素聚焦的语
法为：

document. bdyu. bdys. focus（）或 document. bdyu. bdys. select（）

2. windows 对象。JavaScript 中 windows 对象有很多，比如 windows. open（）是
打开一个新窗口，语法如下：

Windows. open（"URL"，"windows_ name"，"windows_ style"）；另外还有
close（）关闭一个已打开的窗口；focus（）是窗口获得焦点，变为"活动窗口"；
blur（）使焦点从窗口移走，窗口变为"非活动窗口"等，此处不详细介绍，请大
家参阅相关教材书籍。

## 2. 3 HTML 与 JavaScript 的应用案例

前面对 HTML 与 JavaScript 的基础知识做了简单的介绍，下面完成一个综合
实例。

综合实例 检验 e-mail 地址的合法性

思路为：获取用户输入的 e-mail 地址，然后用 index（）Of（字母 O 必须大写）检验 e-mail 地址中是否有"@"和"."，如果有提示 e-mail 地址正确，如果没有提示错误重新输入 e-mail 地址。代码如下：

```
<html>
<head>
<title>e-mail 地址合法性检测实例</title>
</head>
<body>
<form name = " bdyu " >
请输入邮箱地址<input type = " text " name = " email " size = " 30 " ><p>
<input type = " button " value = " 检验 e-mail 地址是否正确 " onclick = " check_
mail（）" >
</form>
<script language = " javascript " >
<! --
function check_ mail（）{
var email=document. bdyu. email. value；
if（email. indexOf（ " @ " ）= =-1 && email. indexOf（ " . " ）= =-1）
{
    alert（ " 邮箱地址不正确 " ）；
}
else {
    alert（ " 邮箱地址是合法的 " ）；
    }
}
//-->
</script >
</body>
</html>
```

浏览器显示效果为图 2-11：

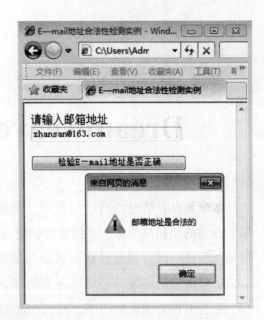

图 2-11

## 2.4 练习与实践

1. 简要介绍 HTML 文件的基本结构。

2. JavaScript 中的基本数据类型有哪些？

3. 在记事本中编写如下表格：

| 学生成绩表 | | | |
|---|---|---|---|
| 考号 | 姓名 | 数学 | 语文 |
| A10001 | 张三 | 80 | 70 |

# 第三章
# Dreamweaver

**本章要点**：站点的创建与管理；网页的新建、网页的布局、文本的添加与编辑、图像的添加与编辑、超链接的创建与编辑、表单的添加与设计、多媒体对象的添加与设计、网页其他元素的添加与编辑、模板和库的应用；站点的发布 Dream-weaver 是由 Macromedia 公司所开发的著名网站开发工具。它使用所见即所得的接口，亦有 HTML 编辑的功能，后来 Macromedia 被 Adobe 收购。Dreamweaver 可以用最快速的方式将 Fireworks、FreeHand 或 Photoshop 等档案移至网页上。使用颜色吸管工具选择荧幕上的颜色可设定最接近的网页安全色。Dreamweaver 能与很多的设计工具，如 Playback Flash、Shockwave 和外挂模组等搭配，不需离开 Dreamweaver 便可完成，整体运用流程自然顺畅。除此之外，只要单击便可使 Dreamweaver 自动开启 Firework 或 Photoshop 来进行编辑与设定图档的最佳化。

## 3.1 Dreamweaver 基础知识

Dreamweaver CS6 拥有可视化编辑界面，它支持代码、拆分、设计、实时视图等多种方式来创作、编写和修改网页，对于初级人员，你可以无需编写任何代码就能快速创建 Web 页面。

### 3.1.1 安装和运行 Dreamweaver CS6

运行 DreamweaverCS6 安装光盘，双击 setup.exe 文件，进入安装界面，接受许可协议后，根据需要选择安装语言、安装产品等，单击"下一步"安装。在安装的时候需要输入序列号，如果有的版本安装时没有要求输入序列号，会在安装好之后运行时要求输入激活码，没有序列号可以安装试用版本。

安装好后依次选择【开始】|【程序】|【Dreamweaver】，运行 Dreamweaver，

进入【默认编辑器】对话框，在此可以选择作为编辑器可编辑的文件类型。动态网页文件，扩展名有 . asp、. jsp、. aspx 及 . php 等；JavaScript 脚本，扩展名为 . js；CSS 样式表文件，扩展名为 . css 等。我们可以使用默认选项，单击"确定"之后进入 Dreamweaver 的初始界面。如图 3-1：

图 3-1

选择【新建】栏中的【HTML】，可以进入 Dreamweaver 的工作界面。工作界面简介如图 3-2：

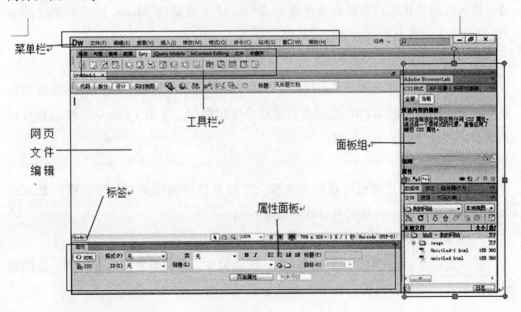

图 3-2

### 3.1.2 新增功能介绍

使用 Adobe Dreamweaver CS6 软件中改善的 FTP 性能，更高效地传输大型文件；更新的"实时视图"和"多屏幕预览"面板可呈现 HTML5 代码，能检查自己的工作；软件中的自适应网格版面创建行业标准的 HTML5 和 CSS3 编码；jQuery移动和 Adobe PhoneGap™框架的扩展支持可协助使用者为各种屏幕、手机和平板电脑建立项目；将 HTML5 视频和 CSS3 转换融入页面。

1. 自适应网格版面

建立复杂的网页设计和版面，无需忙于编写代码。自适应网格版面能够及时响应，以协助设计能在台式机和各种设备不同大小屏幕中显示的项目。

2. FTP 性能

利用重新改良的 FTP 传输工具快速上传大型文件。节省发布项目时批量传输相关文件的时间。

3. Catalyst 集成

使用 Dreamweaver 中集成的 Business Catalyst 面板连接并编辑利用 Adobe Business Catalyst（需另外购买）建立的网站。利用托管解决方案建立电子商务网站。

4. jQuery Mobile

借助 jQuery 代码提示加入高级交互性功能。jQuery 可轻松为网页添加互动内容。借助针对手机的启动模板快速开始设计。使用更新的 jQuery 移动框架支持为 iOS 和 Android 平台建立本地应用程序。

5. PhoneGap

更新的 Adobe PhoneGap™支持可轻松为 Android 和 iOS 建立和封装本地应用程序。通过改编现有的 HTML 代码来创建移动应用程序。使用 PhoneGap 模拟器检查测试制作者设计。

6. CSS3 转换

将 CSS 属性变化制成动画转换效果，使网页设计栩栩如生。在处理网页元素和创建优美效果时保持对网页设计的精准控制。

7. 更新的实时视图

使用支持显示 HTML5 内容的 WebKit 转换引擎，在发布之前检查网页。协助测试确保版面跨浏览器的兼容性和版面显示的一致性。

8. 多屏幕预览

借助"多屏幕预览"面板，为智能手机、平板电脑和台式机进行设计。使用媒体查询支持，为各种不同设备设计样式并将呈现内容可视化。

### 3.1.3 工作界面简介

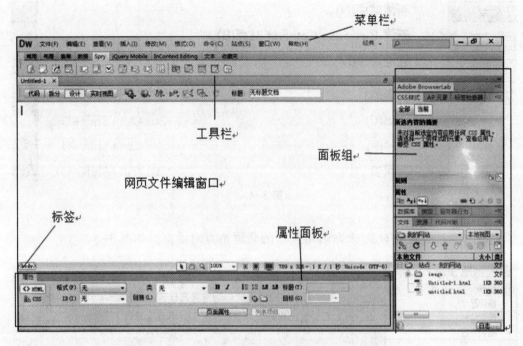

图 3-3

# 3.2 站点创建与管理

### 3.2.1 创建站点

站点指某个 Web 网站的所有文件的本地或远程存储位。Dreamweaver 是创建和管理站点的工具，使用它不仅可以创建单独的文档，还可以创建完整的 Web 站点。Dreamweaver 站点提供了一种方法，使用户可以组织和管理所有的 Web 文档，将站点上传到 Web 服务器，跟踪和管理站点文件。

为了组织和管理所有的 Web 文件，在制作网站之前，首先要创建一个本地站点。本地站点就是网站所有文件在本地计算机上的存放位置。以下是创建本地站点的步骤：

（1）在 D 盘新建一个文件夹，命名为"myweb"，单击"站点"菜单，选择"新建站点"如图 3-4。

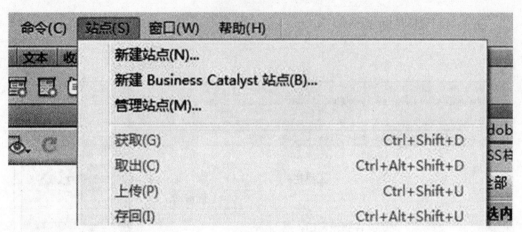

图 3-4

弹出"站点设置对象 未命名站点"的新建站点对话框。如图 3-5。

图 3-5

（2）在"站点名称"文本框中输入自己命名的站点名称，比如"我的网站"，该名称将显示在"文件"面板和"管理站点"对话框中，不会出现在浏览器中。

（3）单击"本地站点文件夹"文本框右侧"浏览文件夹"，弹出"选择根文件夹"对话框，选择 D 盘"myweb"文件夹作为"我的网站"站点根目录。如图3-6。

图 3-6

设置完成后，如图 3-7 所示。

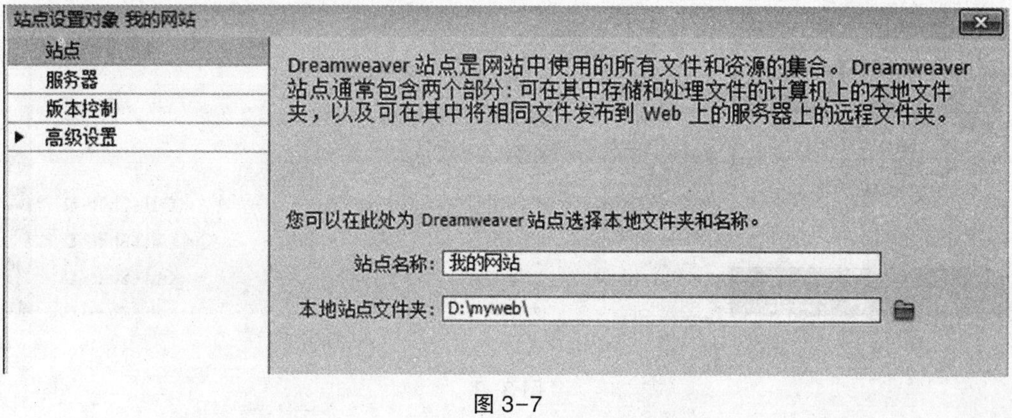

图 3-7

（4）在高级设置中"本地信息"可以设置图像素材的本地目录。比如在 D 盘 myweb 文件夹中新建 image 文件夹。如图 3-8。

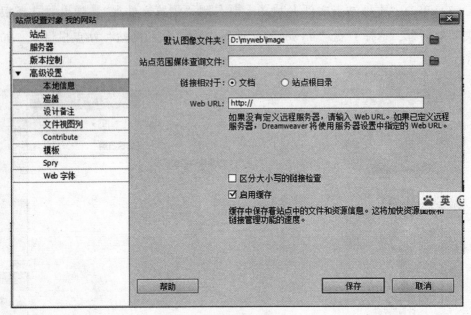

图 3-8

设置好相应内容后单击"保存"然后单击"完成"，就可以在文件面板看到新建的"我的网站"站点了。此时的站点还是没有网页的空站点。

### 3.2.2 管理网站

在"文件面板"上单击"管理站点"如图 3-9（a）[或者单击"站点"菜单，选择"管理站点"如图 3-9（b）]。

（a）                （b）

图 3-9

单击"管理站点"后会弹出对话框，可以对已有的站点进行管理，也可以新建站点。如图 3-10 所示。

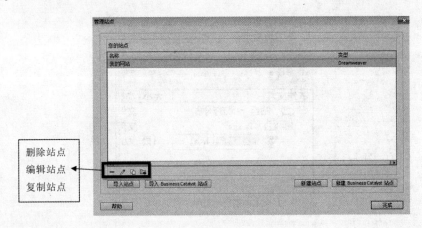

图 3-10

### 3.2.3 创建网页

在"文件"面板上，找到要创建网页的文件夹单击右键，从弹出的右键快捷菜单中选择"新建文件"命令，就可以创建一个空白的网页。如图 3-11 所示。

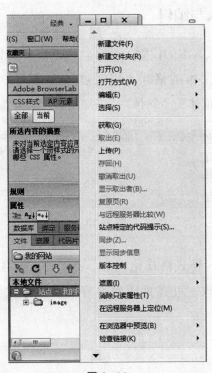

图 3-11

新建的空白网页默认名称为"untitled.html"，双击网页名称即可打开空白网页进行编辑了。如图 3-12 所示。

图 3-12

## 3.3 Dreamweaver 基本操作

### 3.3.1 文本的输入与编辑

将光标移动到要输入文本的位置，然后就可以输入文本了，或者也可以从其他应用程序中复制文本。文本的格式可以通过属性面板来设置。可以设置文字的"格式"、"类"，设置"粗体"、"斜体"，添加项目符合及编号等。如图 3-13 所示。

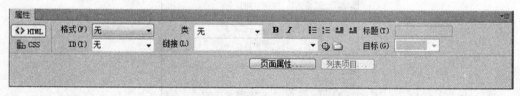

图 3-13

我们还可以使用 CSS 样式格式化文本。CSS 是一组格式设置规则，通过使用 CSS 样式设置页面的格式，可将页面的内容与表示形式分离开。后面会简单介绍 CSS。

### 3.3.2 图像的插入与编辑

网页中缺少不了图像，在插入之前最好应该先把图像文件放到当前站点中，可以放到我们之前建好的 myweb/image 中。插入图像的步骤为：

1. 将光标放到需要插入图像的位置，单击"插入"/"图像"菜单命令，或者在"常用"工具里单击"图像"按钮都会弹出"选择图像源文件"对话框，如图3-14 所示。

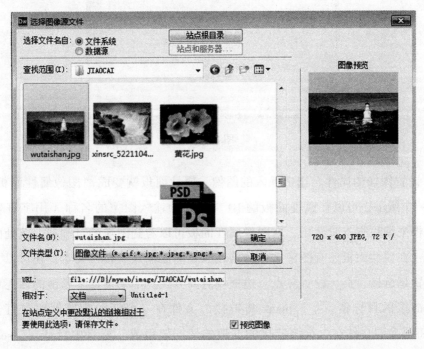

图 3-14

2. 选择需要的图像文件，单击"确定"后弹出"图像标签辅助功能属性"对话框，如图 3-15 所示。

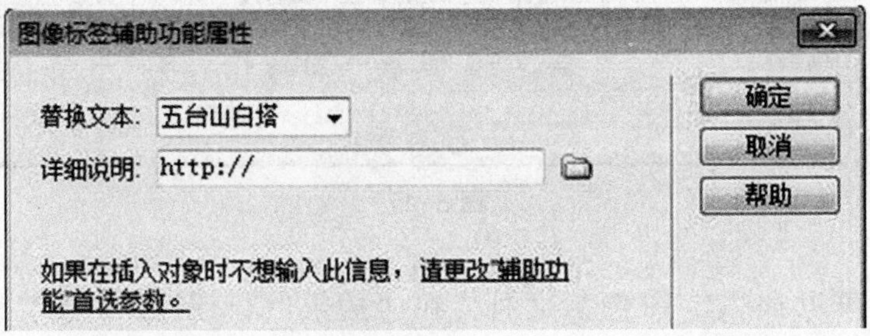

图 3-15

"替换文本"中可以输入对此图像的名称或简述,当图片无法显示时会显示"替换文本"的内容,如图 3-16 所示。

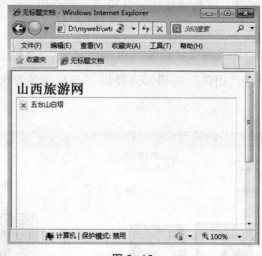

图 3-16

3. 设置图像的属性。选中插入的图像,属性面板就变成"图像属性面板"了,如图 3-17 所示,可以在属性面板的 ID 文本框中输入图像的名称(用字符表示),有助于将来编写脚本时使用;在图像属性面板可以看到图像的宽和高,此处的值可以修改;在属性面板还有图像文件的路径以及前面输入的替换文本;还可以为图像文件设置超链接、类、设置热点、边框及对齐方式;如果设置了超链的话还可以设置加载链接的目标窗口:_ blank 将链接的文件在一个新的浏览器窗口打开,_ parent 将链接的文件在含有该链接的框架的父框架集或父窗口中打开,_ self 将链接的文件在该链接所在的同一框架或窗口中打开,_ top 将链接的文件在整个浏览器中打开。"图像属性"面板还提供了简单的图像编辑工具,可以进行图像的裁剪、重新取样、亮度对比度调整及锐化或者快速进入 PS 进行详细的图像编辑。

图 3-17

4. 除了可以插入"图像"之外,在"插入"/"图像对象"菜单和"常用"/"图像"按钮里还有"图像占位符"及"经过鼠标的图像"等命令。如图 3-

18（a）和 3-18（b）。

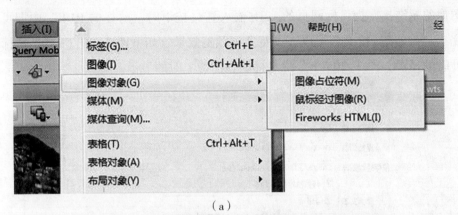

（a）

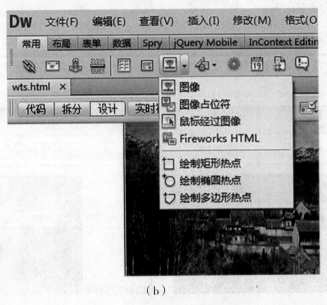

（b）

图 3-18

（1）图像占位符

当网页中需要图像但还没有找到合适的图像素材时，可以先插入图像占位符。

（2）鼠标经过图像

当在网页中鼠标经过图像时需要变换图像可以单击"鼠标经过图像"，弹出"插入鼠标经过图像"对话框，如图 3-19 所示。

原始图像就是网页载入时显示的图像，鼠标经过图像可以变换另一张图像，勾选"预载鼠标经过图像"可以将鼠标经过图像预先加载到浏览器缓存中，以便更快地让图像显示出来。替换文本是鼠标经过图像的替换文本，可以同时设置鼠标经过图像的超链接，把目标网页的 URL 输入到"按下时，前往的 RUL"中即可。设置完毕"确定"，按 F12 可以在浏览器中预览效果。如下图 3-20（a）是鼠标在图像外时的显示，图 3-20（b）是鼠标放在图像上时的显示。

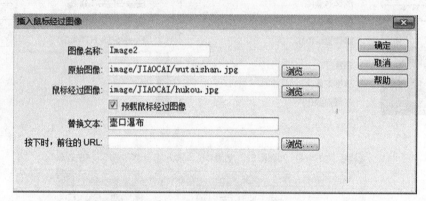

图 3-19

（a）刚载入网页的效果　　　　　　　（b）鼠标移动到图像上时的效果

图 3-20

### 3.3.3 表格的制作与使用

在网页中表格的主要作用是定位，因为网页中的文字与图片不能像在 word 中一样按照用户的设置随意定位，在网页中可以用表格来把文字图片等元素放在需要的位置，因此常用表格来组织页面元素。

1. 单击"插入"/"表格"菜单命令或者"常用"工具中的"表格"都可以弹出"表格"对话框，如图 3-21 所示。

2. 按照需要设置"表格"的行数、列数、表格的宽度（单位是像素和百分比）、边框的粗细（设置为 0 时浏览器里表格没有边框）、单元格边距（单元边界与单元内容之间的距离，单位为像素）、单元格间距（相邻单元格之间的距离，单位像素）及标题的位置（"无"表示不启用行或列标题）；辅助功能下方的"标题"则是定义一个表格外显示的标题，"摘要"是对表格的注释，内容不显示在浏览器中。单击"确定"创建表格。如图 3-22 所示。

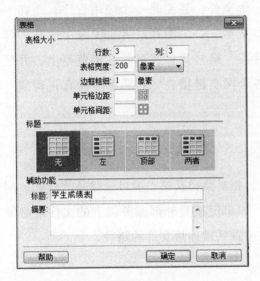

图 3-21                                          图 3-22

3. 编辑表格。想编辑表格可以单击表格任意边框线选中整个表格，或者将光标放入表格中单击文件窗口左下角的 <table> 标签来选择。选中表格之后属性面板就成为表格属性面板了，此时就可以在属性面板对表格进行修改编辑了。如图 3-23 所示。

图 3-23

4. 网页中的表格也可以像 word 中的表格一样"合并单元格"、"拆分单元格"、"插入行或列"、"删除行或列"等。

## 3.4 超链接的创建

超链接是网页中最重要的部分，所谓的超链接是指从一个网页指向一个目标的连接关系，这个目标可以是另一个网页，也可以是相同网页上的不同位置，还可以是一个图片、一个电子邮件地址、一个文件，甚至是一个应用程序。而在一个网页中用来超链接的对象，可以是一段文本、一个图片或者是图像中的某一部分。当浏览者单击已经链接的文字或图片后，链接目标将显示在浏览器上，并且根据目标的类型来打开或运行，而只有各个网页链接在一起后，才能真正构成一个网站。

### 3.4.1 路径

创建链接之前，一定要清楚绝对路径、相对路径及站点根目录路径的概念。网页中的绝对路径一般指完整的 URL 地址，如果链接是外部服务器上的文件时必须使用绝对路径。相对路径指当前文件所在位置到被连接文件的路径。

### 3.4.2 文件超链接

文件超链接的目标不是一个网页而是一个文件，可以是图片、视频、word 或声音文件等。

步骤为：

1. 选择要创建链接接的文字或者图片，在属性面板链接文本框中输入要链接的文件的路径如图 3-24 所示。

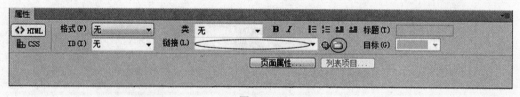

图 3-24

2. 也可以单击旁边的浏览文件夹按钮，弹出"选择文件"对话框，然后选择要链接的目标所在的位置，确定即可。如图 3-25 所示。

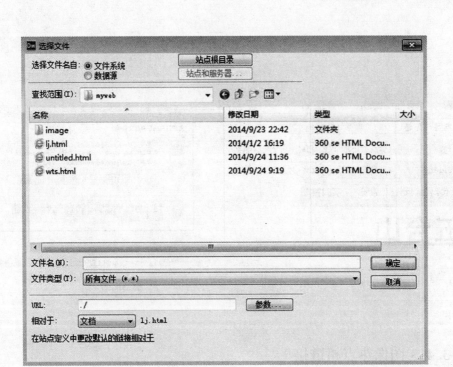

图 3-25

3. 浏览文件夹按钮前面是"指向文件"按钮，选中按钮不松，然后拖动鼠标到右侧的文件面板中找到目标文件，就可以直接链接到目标文件。如图 3-26 所示。

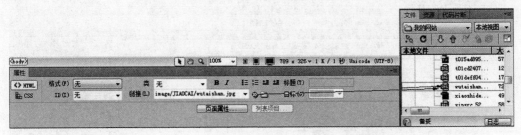

图 3-26

4. 设置了超链接的文字会自动加下划线。如图 3-27 所示。

5. 注意：如果链接的是图像文件，单击链接后会在浏览器里直接显示被链接图像；如果链接的是视频、声音或文档类文件通常会弹出"文件下载"的对话框。如图 3-28 所示。

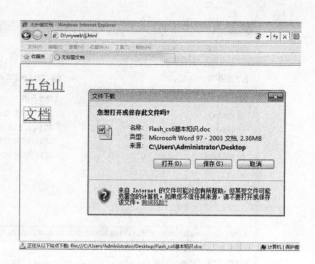

图 3-27                                    图 3-28

### 3.4.3 图像热点超链接

热点链接又称之为图像映射，就是在一个图片上设置多个链接点。一个图片的不同部分可以链接到不同的网页，这就是用热点链接来实现的。

1. 选择要创建链接的图片，在属性面板左下角会有三个不同形状的热点工具，如图 3-29 所示，可以根据需要选择合适的合适的工具。

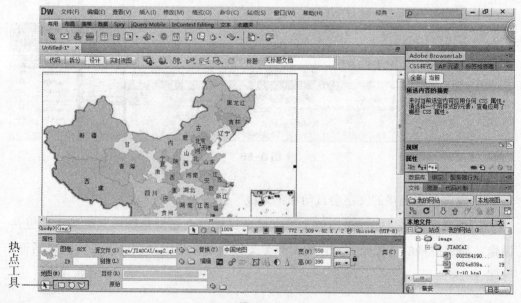

图 3-29

2. 用矩形工具热点框选"山西"区域，松开鼠标后会弹出一个提示对话框，如图 3-30 所示，单击确定。

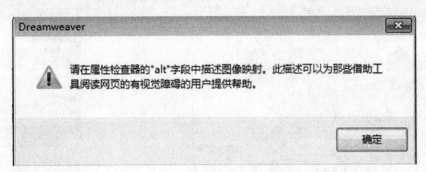

图 3-30

3. 这时属性面板随之发生变化，如图 3-31 所示。

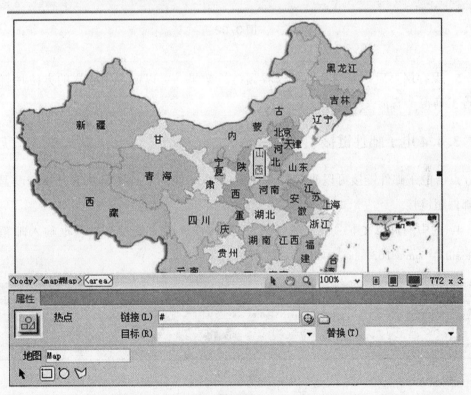

图 3-31

4. 然后直接拖动"指向文件"按钮到右侧的"本地文件夹"列表中的 wts. html 文件建立超链接。如图 3-32 所示。

55

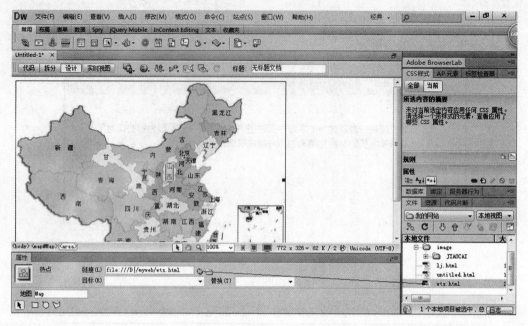

图 3-32

5. 保存网页后，在浏览器可以看到链接效果。可以试着用同样的方法用椭圆热点工具帮"青海"建立热点超链接。

### 3.4.4 电子邮件链接

点击电子邮件链接可以直接打开 outlook 写邮件，下面我们来学习如何设置电子邮件超链接。

1. 选中网页中文本"欢迎联系我"，在属性面板"链接"输入框输入邮箱地址 mailto：zjm@163.com，如图 3-33 所示。

图 3-33

2. 保存网页，F12 预览，单击"欢迎联系我"，弹出"写邮件"对话框，并且收件人已经自动填写好"zjm@163.com"。如图 3-34 所示。

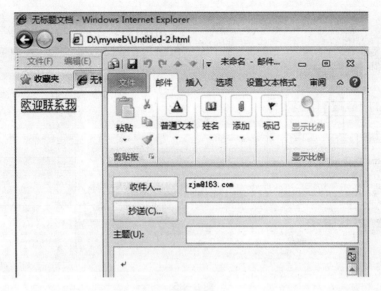

图 3-34

### 3.4.5 锚记链接

锚记链接相当于"书签",命名锚记像一个迅速定位器一样,它是一种页面内的超级连接,当页面中的文章很长时,仅靠上下移动滚动条寻找需要的部分比较麻烦,这时可以创建页面内的超级链接,以便迅速找到需要的资料。

1. 将光标移至需要插入锚记的段落标题"第二章"前,选择"插入"/"命名锚记"菜单命令或单击"常用"工具栏中的"命名锚记"按钮,弹出"命名锚记"对话框,如图 3-35 所示。在命名锚记对话框中为锚记命名如"charpter2"。(可以依次将需要插入命名锚记的标题,比如在第三章、第四章、第五章标题前分别插入命名锚记)

2. 标题插入命名锚记之后在标题前就出现锚的图标,如图 3-36 所示,如果锚记标识未出现,可以选择"查看"/"可视化助理"/"不可见元素"菜单命令。

3. 然后在网页内容上设置相应的命名锚记链接。用光标选取链接文字表格中的"第二章",在"属性"面板中的"链接"地址栏中填写要链接的命名锚记名称"#charpter2",如图 3-37 所示,注意不能遗漏"#",与字母之间也不能加空格,否则将会无效,如果不是当前网页的锚记而是想要指向其他文件的锚记,其格式为"main. htm#charpter"。

4. 将所有链接命名锚记设置完成,单击 F12,在浏览器中预览效果。

网络媒体设计与制作

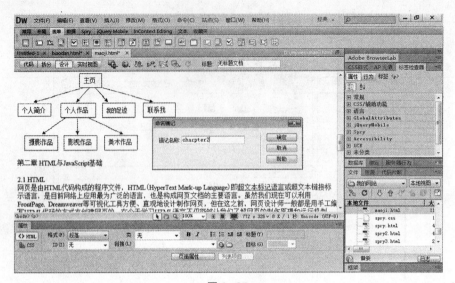

图 3-35

图 3-36

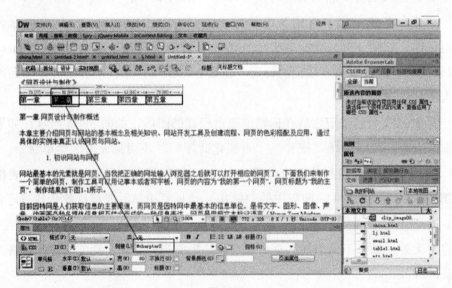

图 3-37

58

### 3.4.6 脚本链接与空链接

1. 脚本链接可用于执行 JavaScript 代码或调用 JavaScript 函数，它能够在不离开当前页面的情况下为访问者提供有关某对象的附加信息。脚本链接还可以用于访问者单击特定对象时，执行计算、验证表单和完成其他处理任务。方法为：在网页文件窗口选择文本、图像或者其他对象，在属性面板的链接输入框中输入"javas-script:"，后面跟一些 JavaScript 代码或函数。比如现在创建一个关闭当前页面的脚本链接，我们在网页文件中输入"关闭"，在链接输入框输入"javascript：window. close（）"，保存浏览网页，单击"关闭"怎会弹出关闭窗口的提示框。如图3-38 所示。

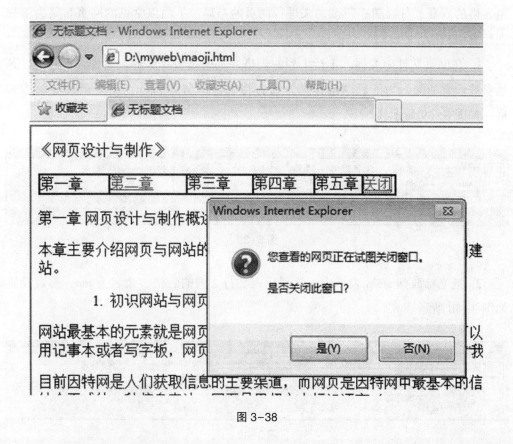

图3-38

2. 空链接是未指派目标的链接，通常用于为页面上的对象或文本附加行为。可以选择要加链接的文字、图像或其他对象，在属性面板的链接输入框中输入"javascript:;"。

# 3.5 网页布局

网页的布局有很多种，传统的表格布局、框架布局，还有目前较多使用的"Div+CSS"布局，它们各有优势，制作网页时可以根据实际情况来选择。

## 3.5.1 表格布局

表格是网页布局中常用的方式，表格布局即简单又容易理解，并且在定位图片和文本方面比 CSS 更加方便。但是当表格用的太多时，将会影响页面下载速度。应用表格的嵌套，可以随心所欲的来进行网页的布局。下面以常见的网页布局为例来进行表格布局。

1. 在网页文件中先插入 1 行 1 列的表格，宽度是 780 像素，设置表格居中，其他参数设置如图，为了后续操作的方便，将表格命名为 main，这是最外层的主表格。如图 3-39 所示。

图 3-39

2. 把光标放到 main 表格中，然后插入 2 行 2 列的表格，命名为 top，参数设置如图 3-40 所示。

图 3-40

将表格 top 第二行的两个单元格合并，然后选中第一行第一个单元格，在属性面板设置高度为 110 像素，宽度为 180 像素。如图 3-41 所示。

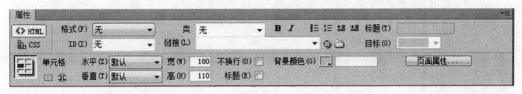

图 3-41

切换到代码视图，将表格 top 的背景颜色设置为"bgcolor＝#cccccc"，如图 3-42 所示。

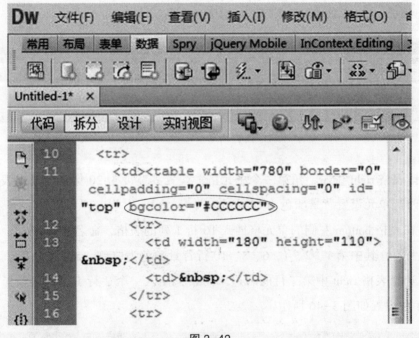

图 3-42

3. 在表格 top 的下方插入 1 行 2 列的表格，名称为 bottom，参数设置如图 3-43 所示。

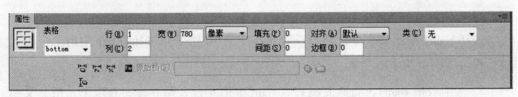

图 3-43

选择左边的单元格，在属性面板设置其宽度为 120 像素，背景颜色 "#999999" 如图 3-44 所示。

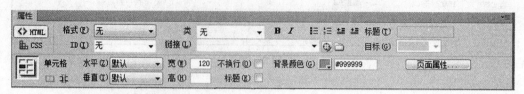

图 3-44

4. 在表格 bottom 的右边单元格插入 8 行 2 列的表格，命名为 right，参数设置如图 3-45 所示，注意 "宽" 设置为 "100%"。

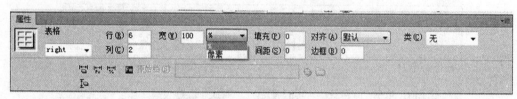

图 3-45

选择表格 right 中左上角第一个单元格，设置其宽度为 20 像素，选择表格 right 中最后两行单元设置背景颜色为 "#cccccc"。

5. 在表格 bottom 左侧的单元格插入 10 行 1 列的表格，命名为 bottom1，参数设置参考上图，其中第 1、2、4、6、8、10 行背景颜色为白色 "#FFFFFF"。

6. 选择表格 right 中第二行的右边单元格，插入一个 2 行 1 列的表格，命名为 right1 参数设置如图 3-46 所示。

图 3-46

选择 right1 中第一个单元格，设置其高度为 20 像素，选择 right1 中第二个单元格，设置其高度为 120 像素。

7. 选中表格 right1，将其复制到表 right 中第 4 行、第 6 行的右边单元格，复制后的表格名称自动变为 right2、right3。布局完成，保存后预览效果如图 3-47 所示。

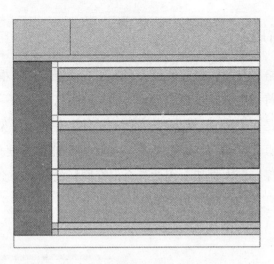

图 3-47

7. 然后可以把相应的素材放到表格中，比如表格 top 左上角添加网站 LOGO，右边单元格加入动画广告条，表格 bottom 左侧单元格添加导航条，右侧的表格 right1、right2、right3 用来添加其他网站信息等。简单添加素材后如图 3-48。

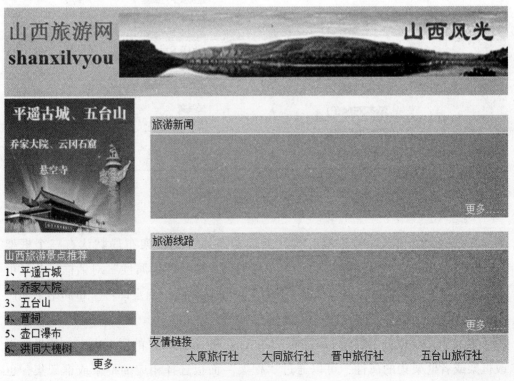

图 3-48

63

### 3.5.2 框架布局

除了传统的表格布局外，目前使用较多的还有框架布局。框架也是一种网页定位工具，框架就是将一个浏览器窗口划分为多个网页区域，每一个区域相当于一个网页，框架本身不是一个网页，但它是 HTML 文件，是一组框架的布局和属性，框架只是存放多个网页文件的容器。框架布局的优点是能很方便地进行内容的切换，缺点是保存时要多保存一次框架，因此就会保存同样的两个网页。

1. 单击"插入"／"HTML"／"框架"可以看到"框架"子菜单命令。如图 3-49。

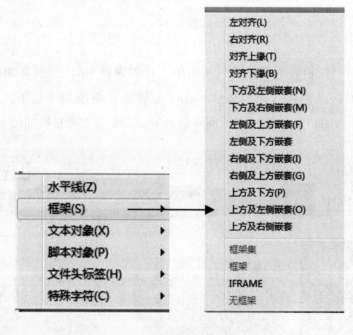

图 3-49

2. 选择"上方及左侧嵌套"常用的简单布局（此框架布局默认有三个框架 mainframe、topframe、leftframe），弹出"框架标签辅助功能属性"对话框，此时可以为框架集中的三个框架指定标题，此处选择默认标题，确定即可。布局结果如图 3-50 所示。

3. 接下来可以分别编辑 topframe、leftframe 和 mainframe 的网页内容。如果要更改框架或者框架集的属性，可以通过"框架"面板选择相应的框架或框架集，也可以在文件窗口中直接选择。框架的大小是可以修改的，可以直接拖动边框线调整，也可以在"属性"面板修改。

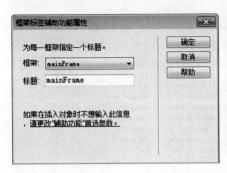

图 3-50

　　4. 保存框架及框架集。框架布局完成后要在浏览器中争取并全部显示，必须保存框架集文件及框架中所有的内容。因此，可以选择"文件"/"保存全部"会弹出先保存框架集"另存为"对话框，默认的框架集名称为"UntitledFrameset-2.html"，我们修改为"Frameset.html"，如图 3-51。

图 3-51

　　单击"保存"后会继续自动弹出保存框架的"另存为"对话框，同时看到"导航"所在框架边框线条变粗显示，说明此时保存的是框架"leftframe"，修改文件名为"leftframe"。如图 3-52。

网络媒体设计与制作

图 3-52

单击"保存"后继续会自动弹出"topframe"及"mainframe"的"另存为"对话框，分别修改名字保存，然后整个框架集及框架的保存才完成。如图 3-53。

图 3-53

5. 预览时要打开框架集 HTML 文件即刚才修改为 "frameset. html" 才能预览到整个网页效果，如图 3-54 （a），只打开 "topframe、leftframe 或者 mainframe" 则只能显示单独的网页，如图 3-54 （b）（打开 topframe. html）。

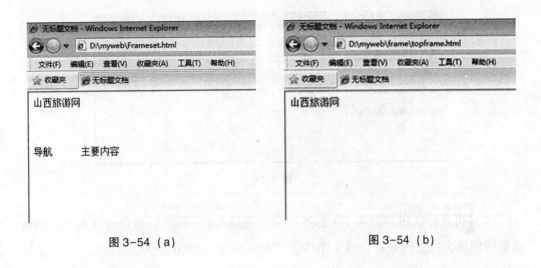

图 3-54 （a）                                    图 3-54 （b）

### 3.5.3 Div+CSS 布局

Div+CSS 布局是目前比较流行的网页布局方式。Div 元素是用来为 HTML 文件内大块的内容提供结构和背景的元素，通过与 CSS 的结合可以实现页面内容的灵活排版。

1. Div 标签

Div 标签是用来定义 Web 页面中的逻辑区域的标签，插入网页文件的方法是：单击 "插入" / "布局对象" / "Div 标签" 菜单命令，弹出 "插入 Div 标签" 对话框，按要求设置对话框总参数 "确定" 即可。如图 3-55 所示。

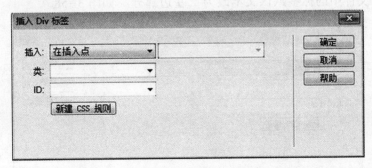

图 3-55

2. Div+CSS 布局实例

（1）插入 Div 标签，参数设置如图 3-56，确定之后将网页文件中的标签默认文本改为"基本部分"。

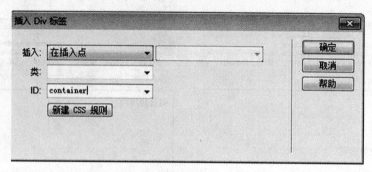

图 3-56

（2）将光标放在"基本 Div 标签"中，再插入 Div 标签，参数设置如图，确定之后将网页文件中的标签默认文本改为"顶层部分"如图 3-57。

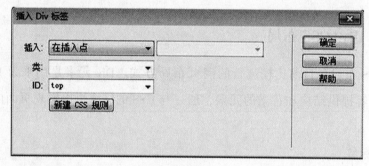

图 3-57

（3）将光标放在"顶层 Div 标签"中，再插入 Div 标签，参数设置如图，确定之后将网页文件中的标签默认文本改为"左边部分"如图 3-58。

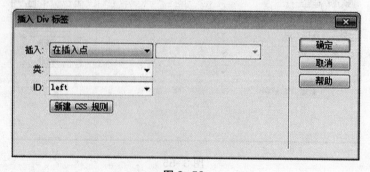

图 3-58

（4）将光标放在"左边 Div 标签"中，再插入 Div 标签，参数设置如图，注意"插入"设置为"在标签之后<div id="left">"，确定之后将网页文件中的标签默认文本改为"主体部分"如图 3-59。

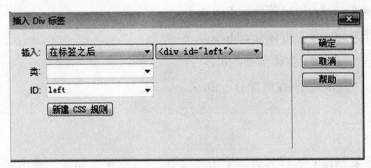

图 3-59

（5）将光标放在"主体 Div 标签"中，再插入 Div 标签，参数设置如图，注意"插入"设置为"在标签之后<div id="top">"，确定之后将网页文件中的标签默认文本改为"底层部分"如图 3-60。

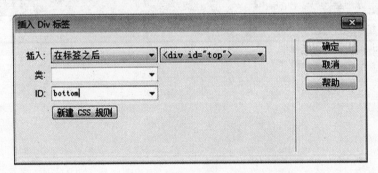

图 3-60

（6）这样 Div 标签的布局就结束了。保存网页名称为"div+css.html"，如图 3-61。

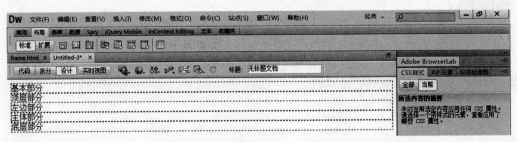

图 3-61

布局完成可以查看代码为：

```
<body>
<div id = " container " >基本部分
<div id = " top " >顶层部分</div>
<div id = " left " >左边部分</div>
<div id = " main " >主体部分</div>
<div id = " bottom " >底层部分</div>
</div>
</body>
```

7）接下来创建 CSS 样式表。单击"文件"/"新建"命令，弹出"新建文档"对话框，选择"空白页"/"CSS"/"创建"，显示"CSS 文件窗口"，如图 3-62。

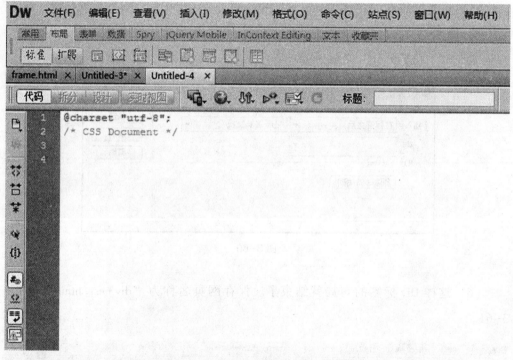

图 3-62

在编辑区域输入下面的代码：

```
/ * 基本信息 * /
body { font：25px Tahoma；margin：0px；text - align：center；background：
#FFF；}
```

/*基础部分*/

#container｛width：800px；margin：10px auto；background：#ccc｝

/*顶层部分*/

#top｛width：800px；margin：0 auto；height：100px；background：#ffcc99｝

/*左边部分*/

#left｛width：150px；margin：0 640px 0 0；height：400px；background：#ccff-bb｝

/*主体部分*/

#main｛width：650px；margin：-400px 0 0 150px；height：400px；background：#ccf｝

/*底层部分*/

#bottom｛width：800px；margin：0 auto；height：50px；background：#09F｝

（注意：代码中/* */部分属于注释，不输入也可以，但最好输入，可以提示每一行代码的功能，有助于将来的修改。）

单击"保存"弹出"另存为"对话框，文件名称为"css.css"与刚才的网页"div+css.html"保存在同一目录下。然后回到"div+css.html"网页文件，在属性面板找到"类"，选择"附加样式表"弹出"链接外部样式表"对话框，如图3-63。

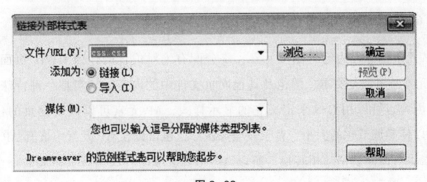

图3-63

单击浏览打开"选择样式表文件"对话框找到"css.css"样式，确定之后就可以看到效果了，如图3-64。

图 3-64

# 3.6 网页其他对象

### 3.6.1 APDiv 元素的使用

　　AP 元素也称之为绝对定位元素，是分配有绝对位置的任何 HTML 页面元素。在 AP 元素总可以是文本、图像及其他网页文件中的内容。其实是一种特殊的 Div 标签，因此也可以用 CSS 来定义它的显示样式，AP 元素可以放在网页的任何位置。可以任意调节它的大小、背景及叠放次序，也可以在 AP 元素中嵌套 AP 元素，AP 元素也可以同表格互相转换，所以 AP 元素也可以看成是网页布局的一个重要方法。

　　1. 选择"插入"/"布局对象"/"AP Div"或者单击"布局"/"标准"/"绘制 AP Div"按钮都可以来添加 AP Div，如图 3-65（a），默认的 ID 为 apDiv1、apDiv2 依次排下去。

　　2. 单击 AP Div 内部出现光标就可以添加文字、图像等网页对象了。单击 AP Div 的边框内部没有光标闪烁，此时 AP Div 就被选中了。如图 3-65（b）所示。

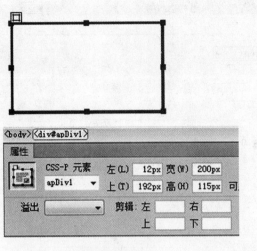
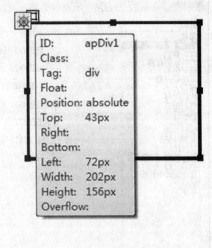

图 3-65（a）　　　　　　　　　　图 3-65（b）

　　3. AP Div 可以嵌套。未嵌套的 AP Div 可以单独选中也可以同时选中，但它们各自是独立的，如图 3-66。它们的代码为：

&lt;div id = " apDiv1 " &gt;AP Div1&lt;/div&gt;

&lt;div id = " apDiv2 " &gt;AP Div2&lt;/div&gt;

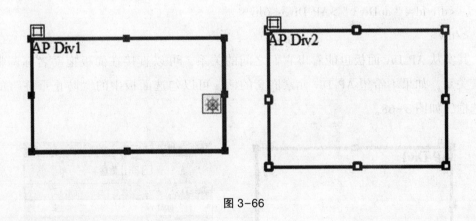

图 3-66

　　嵌套 AP Div 元素之前，选择"编辑"/"首选参数"/"AP 元素"，然后勾选嵌套复选框，如图 3-67 所示，确定回到"设计"视图，将光标放到 apDiv1 中绘制 AP Div3。

　　嵌套的 AP Div 当父 AP Div 被选中时子 AP Div 也会被选中。从图 3-68 上看子 AP Div 元素也可以在父 AP Div 元素的外面，但从代码看就可以发现是包含在里面的。

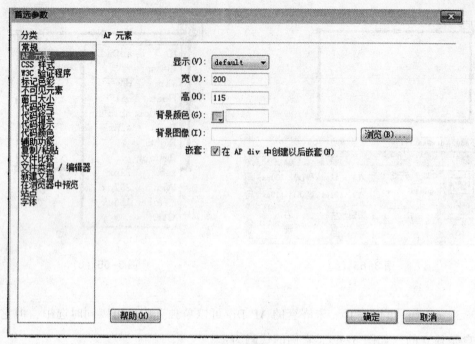

图 3-67

```
<div id= " apDiv1 " > AP Div1
    <div id= " apDiv3 " >AP Div3</div>
</div>
```

其实从 AP Div 面板也能看出它们之间的关系，可以直接在面板拖动名称调整嵌套关系，如果不希望 AP Div 元素嵌套的话，可以勾选面板中的"防止重叠"的复选框，如图 3-68。

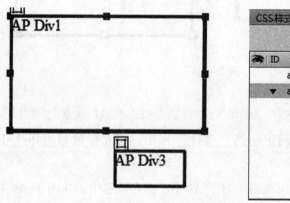
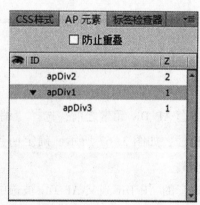

图 3-68

4. AP Div 的属性面板。如图 3-69。

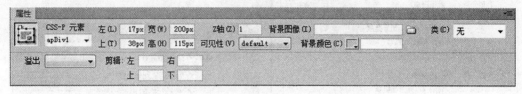

图 3-69

• CSS-P 元素：在下拉框中设置 AP Div 的 ID。

• 左：设置 AP Div 的左边缘。输入一个数值，单位 px。

• 上：设置 AP Div 的顶部边缘。输入一个数值，单位 px。

• 宽：设置 AP Div 内容区域的宽度。输入一个数值，单位 px。

• 高：设置 AP Div 内容区域的高度。输入一个数值，单位 px。

• Z 轴：设置 AP Div 的层叠顺序，层叠顺序决定了 AP Div 在浏览器中的显示顺序。输入一个数值，不需要单位。

• 可见性：设置 AP Div 是否可见。在下拉框中按要求选择。

• 背景图像：设置 AP Div 的背景图像。直接输入图像的 URL 地址，或者点击"文件夹"按钮，选择图像文件。

• 背景颜色：设置 AP Div 的背景颜色。

• 溢出：设置 AP Div 的内容超过其指定高度及宽度时处理的方式。有 4 种方式：可见、隐藏、滚动和自动。

• 剪辑：对 AP Div 包含的内容进行剪切。包括"左、右、上、下"项，可以分别输入一个数值，单位 px。

5. AP Div 与表格的互换

有浏览器如果不支持 AP Div，可以把 AP 转换为表格，在转换表格之前确保 AP Div 元素没有重叠。

选择"修改"/"转换"/"将 AP Div 转换为表格"命令，弹出"将 AP Div 转换为表格"对话框，如图 3-70，根据要求修改参数，确定即可。

选择"修改"/"转换"/"将表格转换为 AP Div"命令，弹出"将 AP Div 转换为表格"对话框，如图 3-71。

其中，位于表格外的页面元素会放入转换后的 AP Div 元素中，而没有背景颜色的空白表格将不会转换 AP Div 元素。

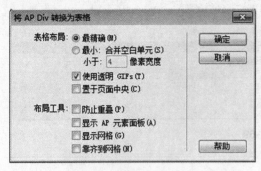

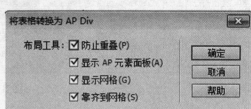

图 3-70                          图 3-71

### 3.6.2 使用 Spry 框架构件

Spry 框架是一个 JavaScript 库，Web 设计人员使用它可以构建能够向站点访问者提供更丰富体验的 Web 页。有了 Spry，就可以使用 HTML、CSS 和极少量的 JavaScript，将 XML 数据合并到 HTML 文档中，创建构件（如折叠构件和菜单栏），向各种页面元素中添加不同种类的效果。

1. Spry 菜单栏构件

Spry 菜单栏构件是一组带有子菜单且可以定义超链接的菜单按钮。Spry 菜单栏构件分为"垂直构件与水平构件"。如图 3-72。

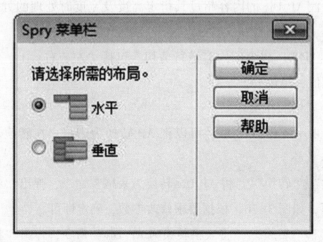

图 3-72

方法：选择"插入"/"布局对象"/"Spry 菜单栏"或者单击"布局"/"标准"/"Spry 菜单栏"按钮都可以来添加 Spry 菜单栏构件。如图 3-73。

默认的 Spry 菜单栏构件中的项目有四个，如果需要更多，可以在属性面板通过 "+、-" 按钮来添加，也可以通过旁边的 "三角" 按钮来调整次序。在属性面板选中项目后右侧会出现该项目的子菜单项目，如果子菜单是空的，也可以通过 "+、-" 按钮来添加。注意：此处必须在属性面板的 "文本" 处修改项目名称，如图 3-74 所示，不要在网页文件中修改。

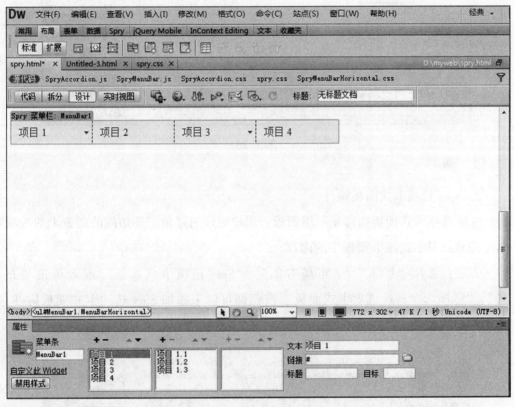

图 3-73

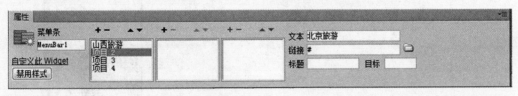

图 3-74

还可以在链接处直接输入 URL 或浏览文件夹来为菜单添加超链接。修改完成的 Spry 菜单栏如图 3-75。

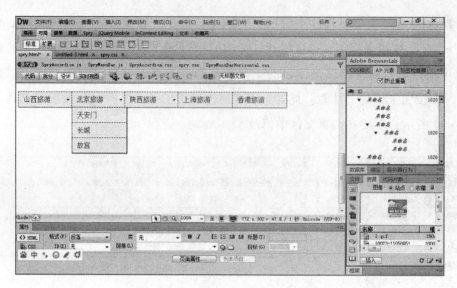

图 3-75

2. Spry 选项卡式面板构件

Spry 选项卡式面板构件是一组面板，用户可以通过单击要访问的面板上的选项卡来隐藏或显示选项卡面板中的内容。

方法：选择"插入"/"布局对象"/"Spry 选项卡式面板"或者单击"布局"/"标准"/"Spry 选项卡式面板"按钮都可以来添加 Spry 选项卡式面板构件。添加后如图 3-76。

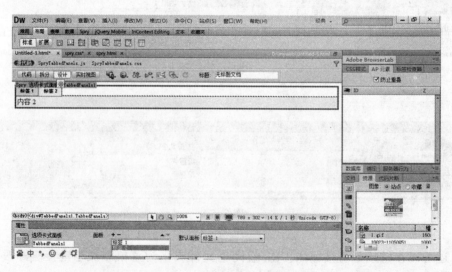

图 3-76

　　默认的 Spry 选项卡式面板构件中的选项卡只有两个，如果需要更多可以在属性面板通过 "+、-" 来添加，也可以通过旁边的三角来调整次序。标签名称及内容可以直接在网页文件中修改。如图 3-77。

　　也可以像前面一样通过编写 CSS 类代码编写附加样式表来设置 Spry 折叠式构件的宽度、颜色及背景等。图 3-78 为修改 Spry 选项卡式面板构件的宽度之后在浏览器中的显示效果。

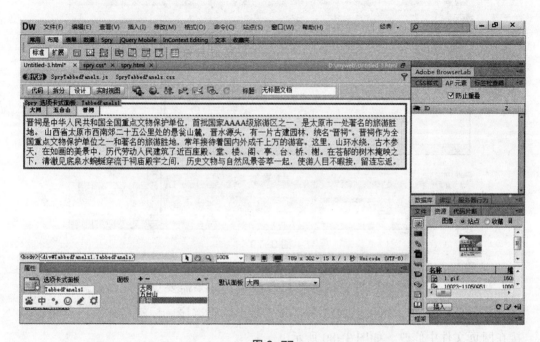

图 3-77

图 3-78

**3. Spry 折叠式构件**

折叠式构件是一组可折叠的面板，可以将大量的信息以紧凑的方式存储起来。用户可以通过单击面板选项卡隐藏或显示存储在折叠构件中的内容。

方法：选择"插入"/"布局对象"/"Spry 折叠式"或者单击"布局"/"标准"/"Spry 折叠式"按钮都可以来添加 Spry 折叠式构件。如图 3-79 所示。

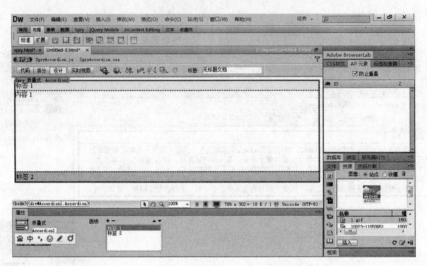

图 3-79

默认的 Spry 折叠式构件中的标签只有两个，如果需要更多可以在属性面板通过"+、-"来添加，也可以通过旁边的三角来调整次序。标签名称及内容可以直接在网页文件中修改。如图 3-80 所示。

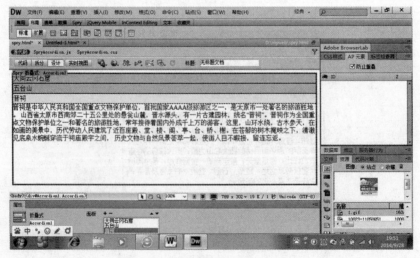

图 3-80

也可以像前面一样通过编写 CSS 类代码、编写附加样式表来设置 Spry 折叠式构件的宽度、颜色及背景等。图 3-81 为修改 Spry 折叠式构件宽度和背景颜色之后在浏览器中显示效果。

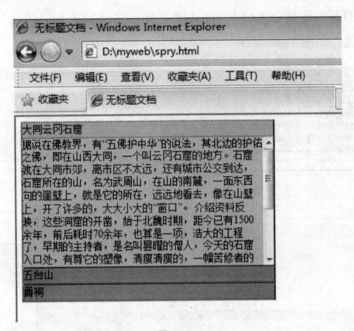

图 3-81

4. Spry 可折叠面板构件

Spry 可折叠面板构件是一个面板，可以将信息以紧凑的方式存储起来。用户可以通过单击面板选项卡隐藏或显示存储在折叠构件中的内容。浏览器中显示效果如图 3-82。

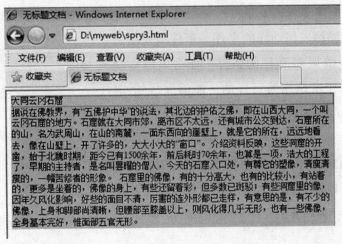

图 3-82

网络媒体设计与制作

方法：选择"插入"/"布局对象"/"Spry 可折叠面板"或者单击"布局"/"标准"/"Spry 可折叠面板"按钮都可以来添加 Spry 可折叠面板构件。标签名称及内容可以直接在网页文件中修改。浏览器中 Spry 可折叠面板构件内容的显示状态是"打开"还是"关闭"，默认状态是"显示"还是"关闭"都可以在属性面板中设置。如图 3-83 所示。

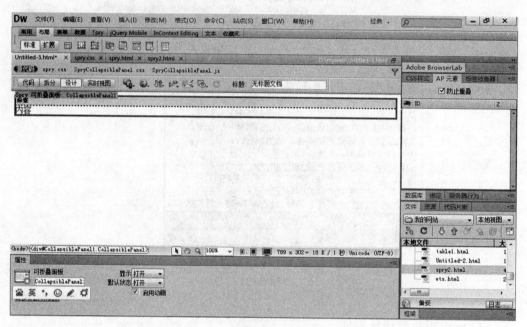

图 3-83

### 3.6.3 行为

行为是由一个事件以及事件所触发的动作组成，为页面添加行为就是为页面指定动作以及能够触发该动作的事件。事件是指用户在浏览页面中所做某些动作的条件，如将鼠标移动某个连接上。动作由预先编写好的、能够完成指定任务的 JavaScript 代码组成，这些代码将执行特定的任务。

1. 行为面板。行为的设定可以通过行为面板来实现。选择"窗口"/"行为"菜单命令就可以打开行为面板。如图 3-84 所示。

图 3-84

82

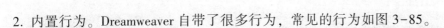

第三章　Dreamweaver

2. 内置行为。Dreamweaver 自带了很多行为，常见的行为如图 3-85。

为网页中的对象添加内置行为的方法为：在网页文件选择对象，单击"行为"面板上的"+"按钮，从弹出的行为菜单中选择合适的行为。下面以"拼图游戏"为例来介绍内置行为的添加。

（1）插入 1 行 1 列的表格，表格参数设置如图 3-86，在表格中输入文字"拼图游戏"，然后设置单元格的水平对齐方式为"居中对齐"。

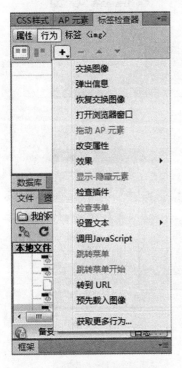

图 3-85

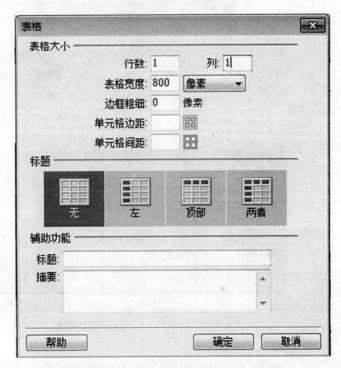

图 3-86

（2）在表格下方插入 AP Div 元素，默认名称为 apDiv1，光标移到 apDiv1 中插入黄花图像 1，然后在网页中继续插入 AP Div 元素，共 4 个 AP Div 元素。要记得勾选"防止重叠"以免发生 AP Div 元素的嵌套。如图 3-87 所示。

（3）不要选择任何 AP Div 元素，单击网页文件空白处，单击行为面板的"+"右下角的小三角，在弹出的菜单中选择"拖动 AP 元素"，弹出"拖动 AP 元素"对话框，如图 3-88。

确定之后就给 apDiv1 添加了可以任意拖动的行为，按照同样的方法设置其他三个 AP Div 元素的拖动行为。设置完成行为面板如图 3-89。

83

图 3-87

图 3-88

图 3-89

（4）保存网页文件，从浏览器预览效果，如图 3-90，此时就可以在浏览器拖动图像进行拼图了。

图 3-90

# 3.7 表单应用

表单是网页中不可少的部分，表单网页是一个网站和访问者开展互动的窗口，通过表单可以收集用户信息。表单包括两部分：表单对象和应用程序；表单对象是用户输入数据的界面；应用程序是服务器端或者客户端的程序。在这里我们主要介绍表单对象。

选择"插入"/"表单"就可以看到子菜单，如图 3-91。

1. 单击"插入"/"表单"/"表单"菜单命令或者单击"表单"工具的"表单"按钮，就会看到网页文件出现红色虚线矩形框，这就是表单，如图 3-92，把光标移入表单内开始添加其他表单表单对象。

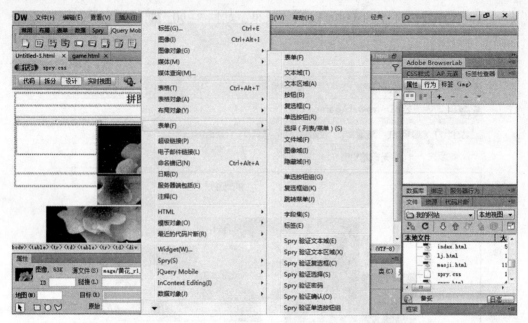

图 3-91

图 3-92

注意：添加表单对象时如果没有表单区域中会弹出提示窗口，如图 3-93。

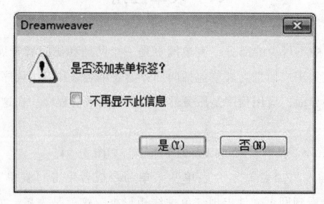

图 3-93

2. 设置表单属性。表单属性如图 3-94。

图 3-94

• 表单 ID 默认为 form1，当然也可以自己修改。

• 动作指定处理该表单的动态页或脚本的路径。

• 方法选择将表单传输到服务器的方法。有 POST 和 GET 两种，默认 GET 方法。

• 目标指定被调用程序所返回的数据的目标显示窗口。

• 编码类型指提交给服务器进行处理的数据使用的编码类型。Application/x-www-from-rulencode 通常与 POST 方法协同使用，而 multipart/form-data 类型在创建文件上传域时使用。

3. 添加表单对象

（1）添加文本域。即文本输入框，可以是单行文本、多行文本及密码域。把光标放到刚才的红色矩形虚线区域，单击"插入"/"表单"/"文本域"菜单命令或者单击"表单"工具的"文本字段"按钮，弹出"输入标签辅助功能属性"对话框，如图 3-95。

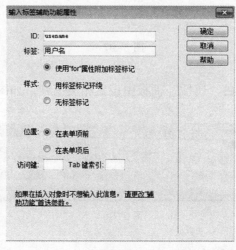

图 3-95

设置 ID 及标签，输入的标签名称会根据对话框"位置"的选择，显示在网页文件中表单对象前面或者后面。确定之后就插入文本表单对象了。选中文本域表单对象，在属性面板可以设置文本域的类型、字符宽度、最多字符及初始值等。如图3-96。

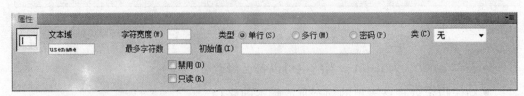

图 3-96

（2）添加复选框。

复选框是表单中允许勾选多个选项的表单对象，就是我们常见的方框图标。单击"插入"/"表单"/"复选框"菜单命令，或者单击"表单"工具的"复选框"按钮，弹出"输入标签辅助功能属性"对话框，设置完成确定即可，此时只添加了一个复选框。如图3-97。

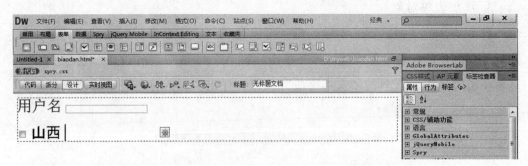

图 3-97

单击复选框，可以在"属性"面板中设置相关属性。如图3-98。

图 3-98

如果想一次添加多个复选框，可以单击"插入"/"表单"/"复选框组"菜单命令或者单击"表单"工具的"复选框组"按钮，弹出"复选框组"对话框，修改名称，然后修改标签及次序，默认只有两个标签，此时可以单击"+"、"-"按钮来增加或删除标签。如图3-99。

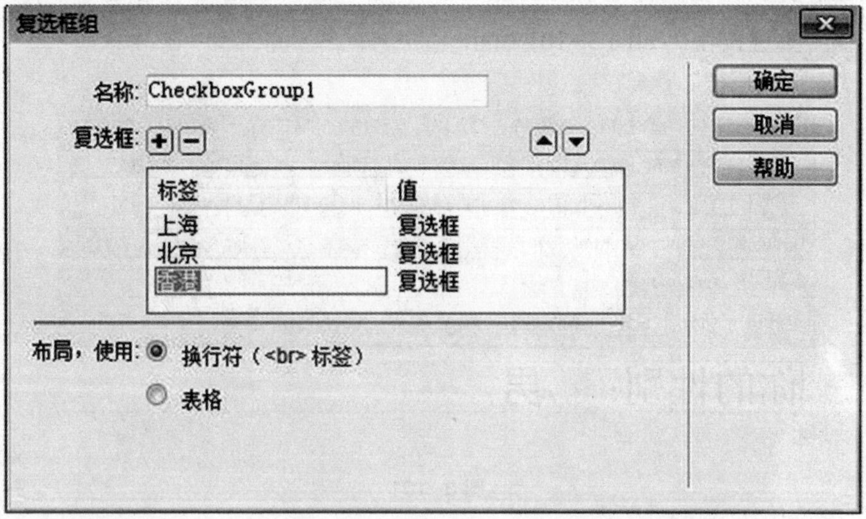

图 3-99

确定之后就可以出现一组复选框了。如图3-100所示。

图 3-100

网络媒体设计与制作

（3）添加单选按钮。

单选按钮与复选框相反，必须且只能勾选一个选项，是我们常见的圆圈图标。单击"插入"/"表单"/"单选按钮"菜单命令或者单击"表单"工具的"单选按钮"按钮，弹出"输入标签辅助功能属性"对话框，设置完成确定即可，此时只添加了一个单选按钮。如图 3-101 所示。

图 3-101

选中单选按钮，在属性面板设置相关参数，如图 3-102。

图 3-102

如果想一次添加多个单选按钮，可以单击"插入"/"表单"/"单选按钮组"菜单命令或者单击"表单"工具的"单选按钮组"按钮，弹出"单选按钮组"对话框，修改名称，然后修改标签及次序，默认只有两个标签，此时可以单击"+"、"-"按钮来增加或删除标签。如图 3-103 所示。

确定之后就可以出现一组单选按钮了。如图 3-104 所示。

（4）下拉列表或菜单。

在网页中为了节省空间可以使用"下拉列表或菜单"。单击"插入"/"表单"/"选择（列表/菜单）"菜单命令，或者单击"表单"工具的"选择（列表/菜单）"按钮，弹出"输入标签辅助功能属性"对话框，设置完成确定即可。如图 3-105 所示。

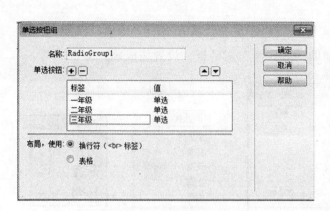

图 3-103                                                          图 3-104

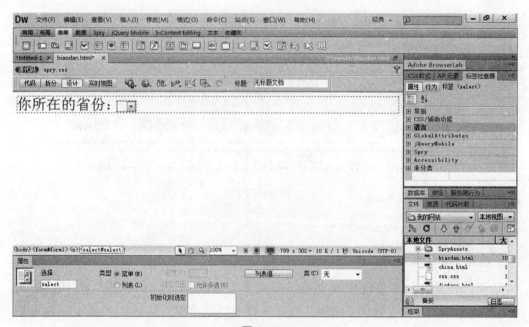

图 3-105

选中网页文件中的"下拉列表或菜单",在属性面板可以设置"类型",找到"列表值"单击,弹出"列表值"对话框,在项目标签添加下拉列表或菜单的选项。如图 3-106。

(5) 文件域

通过文件域用户可以把本地计算机上的某个文件作为表单数据上传给服务器。但必须要有服务器端脚本,或能够处理文件提交的页面才可以使用文件域上传。如图 3-107。

单击"插入"/"表单"/"文件域"菜单命令，或者单击"表单"工具的"文件域"按钮，弹出"输入标签辅助功能属性"对话框，设置完成确定即可。

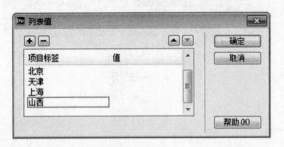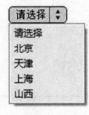

图 3-106

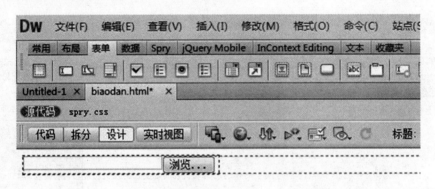

图 3-107

（6）跳转菜单

跳转菜单实际就是一个带链接的下拉列表。添加方法为：单击"插入"/"表单"/"跳转菜单"菜单命令或者单击"表单"工具的"跳转菜单"按钮，弹出"跳转菜单"对话框，如图 3-108，选择要修改的菜单项，然后在"文本"输入框输入要跳转到的网站名称，在"选择时，转到 URL"输入对应的 URL，确定即可。

插入后，选择"跳转菜单"也可以在"属性"面板修改成列表，也可以修改列表值等，如图 3-109。

（7）图像域

使用图像域可以在表单中插入一个图像，生成图像按钮，如果图像不是作为提交数据的按钮，则需要与行为结合使用。添加方法为：单击"插入"/"表单"/"图像域"菜单命令，或者单击"表单"工具的"图像域"按钮，弹出"选择图像源文件"对话框，如图 3-110，选择要添加的图像，确定即可。选中网页文件中的图像域可以在属性面板进行相关参数的设置，也可以为其添加"行为"。

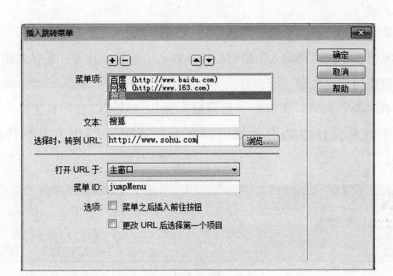

图 3-108

图 3-109

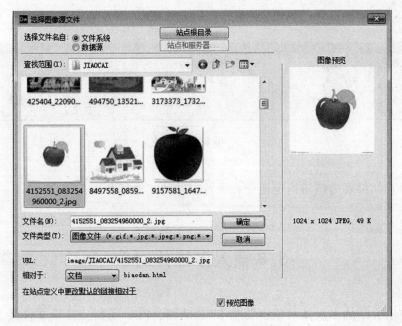

图 3-110

（8）隐藏域

隐藏域用于存储用户输入的信息，比如姓名、邮箱地址等，并在该用户再次访问此站点时使用这些数据。添加方法为：单击"插入"/"表单"/"隐藏域"菜单命令，或者单击"表单"工具的"隐藏域"按钮，就可以在网页文件中插入隐藏域了。选中网页文件中的隐藏域可以在属性面板进行相关参数的设置。如图 3-111。

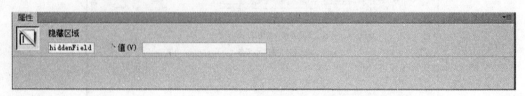

图 3-111

"值"为隐藏域指定一个值，该值在提交表单是传递给服务器。

（9）按钮

按钮可以将它所在的表单区域所有表单对象的数据提交到服务器，也可以重置表单，也可以指定其他的处理任务。方法：单击"插入"/"表单"/"按钮"菜单命令，或者单击"表单"工具的"按钮"按钮，弹出"输入标签辅助功能属性"对话框，设置完成确定，就可以在网页文件中插入按钮了。选中按钮可以在属性面板进行相关参数的设置。如图 3-112。

图 3-112

注意：如果要为按钮指定提交和重置以外的其他任务则选择"无"。

# 3.8 插入多媒体对象

本节所介绍的多媒体对象主要指 SWF 动画、FLV 视频、音频文件及其他媒体对象。

1. SWF 动画

SWF 是 Flash 软件的专用文件格式，在网页设计中被广泛使用，在后面的章节中会介绍到。

将光标放在要插入 SWF 动画的位置，单击"插入"/"媒体"/"SWF"菜单命令，弹出"选择 SWF"的对话框，如图 3-113，选择需要插入的 SWF 动画文件，确定。

图 3-113

此时会弹出"对象标签辅助功能属性"对话框，如图 3-114，确定即可。

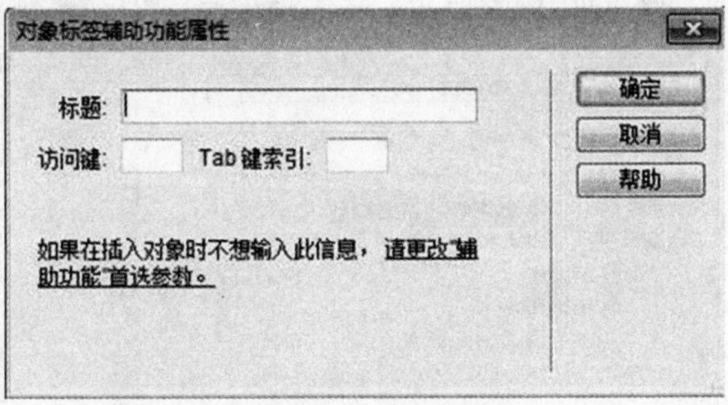

图 3-114

此时 SWF 动画文件就插入到网页中了。如图 3-115。

网络媒体设计与制作

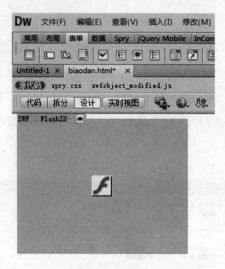

图 3-115

## 2. FLV 视频

FLV 是 FLASH VIDEO 的简称，也是一种流媒体格式，在视频网站应用也比较多。

将光标放在要插入 FLV 视频的位置，单击"插入"/"媒体"/"FLV"菜单命令，弹出"插入 FLV"的对话框，如图 3-116，输入 URL 或者单击浏览选择本地 FLV 视频文件，可以自动检测 FLV 文件的宽度与高度，也可以手工输入。

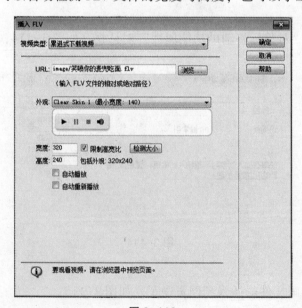

图 3-116

确定之后，FLV 视频文件就插入到网页中了。如图 3-117。

3. 插入音频文件

网页中可以添加的声音文件有：.wav、.wma、.midi 及 .mp3 等。嵌入音频可以将声音直接集成到页面中，只有在用户安装了对应的播放插件后，声音才可以播放。声音嵌入网页之后也可以设置成网页的背景音乐。

将光标放在要插入音乐的位置，单击"插入"/"媒体"/"插件"菜单命令，弹出"选择文件"的对话框，如图 3-118。

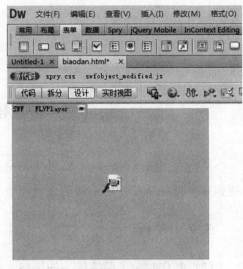

图 3-117

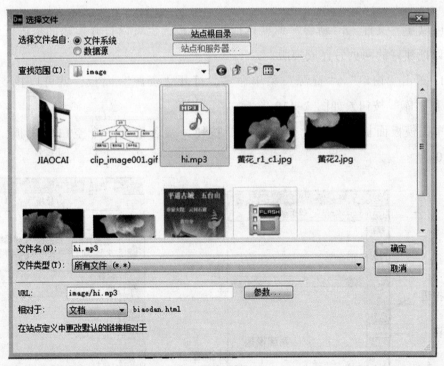

图 3-118

选择要插入的声音文件，单击确定即可。

4. 除了前面介绍的媒体文件外，Dreamweaver 中还可以添加 Shockwave 影片、Java Applet、ActiveX 控件或其他音频、视频文件。

# 3.9 模板和库

制作大型网站时，同一栏目中的网页布局方式及页面元素有很多都是相同的，遇到这种情况时，使用模板和库就可以节省很多时间。

## 3.9.1 模板

网页制作时为了保持统一的风格，制作快速简单，也可以制作模板，所有网页相同的部分都放到模板了，只留下不同的部分进行修改与填充即可。模板可以分为锁定区域与可编辑区域两部分，可编辑区域就是不同的部分，即需要我们去修改的部分。

可以在"文件"/"新建"时就选择新建模板，也可以打开模板面板进行新建，也可以把建好的网页另存成模版。

1. 单击"窗口"/"资源"菜单命令，打开"资源"面板，就可以找到"模板"和"库"按钮。如图 3-119。

单击模板面板右下角"新建模板"按钮，就会创建一个空白的模板，如图 3-120。

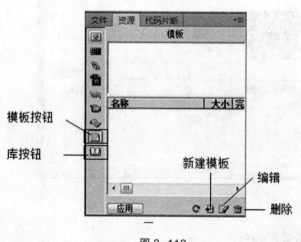

图 3-119

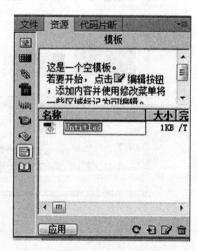

图 3-120

模板默认的文件名为"untitled.
dwt"，我们可以修改文件名为
"template.dwt"，双击打开进行编辑。
编辑时要定义基本页面及可编辑区
域，可编辑区域是必须有的，否则
模板就没有意义了。光标定位到要
设置可编辑区域的位置，单击"插

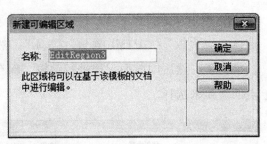

图 3-121

入"/"模板对象"/"可编辑区域"，会弹出"新建可编辑区域"对话框，如图 3-
122，输入名称确定即可。

可编辑区域也可以变为不可编辑的锁定区域，选中可编辑区域，单击"修
改"/"模板"/"删除模板标记"，编辑好模板之后保存即可。

2. 如果是已经做好的网页要保存为模板，可以选择"文件"/"另存为"，弹出
"另存为对话框"，如图 3-122，选择保存位置，输入文件名及保存类型（.dwt）
保存，然后进行模板的编辑。

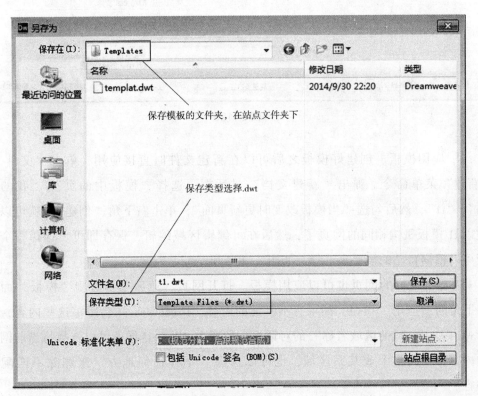

图 3-122

3. 单击"文件"/"新建"菜单命令，弹出"新建文档"对话框，如图 3-123，选择"空模板"/"HTML 模板"/"无"，然后单击右下角"创建"，就可以创建空白模板了，然后同前面一样进行编辑，保存即可。当然模版类型可以根据自己的站点的需要来选择。

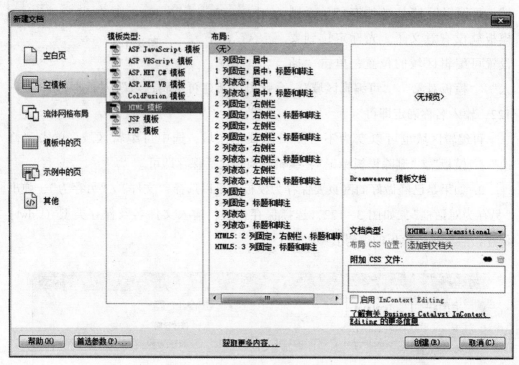

图 3-123

4. 应用模板。创建好模板之后可以在新建文件时直接应用，单击"文件"/"新建"菜单命令，弹出"新建文档"对话框，选择"模板中的页"/"我的网站"/"t1"，然后勾选"当模板改变时更新页面"，单击右下角"创建"，就可以创建以 t1 模板机构相同的网页了，然后在可编辑区域编辑，保存即可。选择哪个模版可以根据自己的需要来选择。如图 3-124 所示。

对已经建好的网页也可以应用模板。打开网页，然后单击右侧"模板"面板左下角的"应用"按钮，如果有不匹配的内容，Dreamweaver 会跟踪这些内容，则会弹出"不一致的区域名称"的对话框，如图 3-125。这样就可以选择将当前网页的内容移动到某个或某系区域，也可以选择"不在任何地方"来删除不匹配的内容。

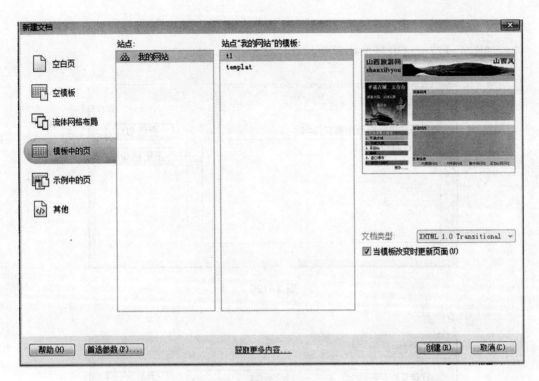

图 3-124

图 3-125

如果修改了模板，在保存时会出现"更新模板文件"对话框，如图 3-126，可以将修改后的模板应用于所有使用了此模板的网页，也可以通过"修改"/"模板"/"更新页面"命令，来更新整个网站中应用了该模板没有及时跟新的网页文件，如图3-127。这也是使用模板的优点之一。

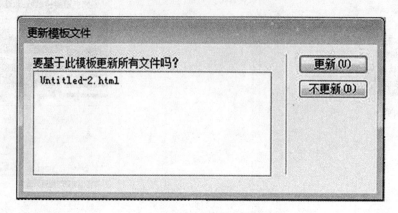

图 3-126

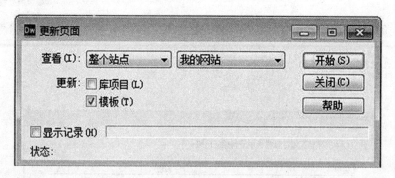

图 3-127

如果不希望在某个网页中继续使用模板了，可以选择"修改"/"模板"/"从模版中分离"菜单命令，就可以将网页文件与模板分离了。

### 3.9.2 库

网页中有很多个页面会有相同的元素，这些相同的元素就可以做成库项目，当需要修改这些元素时，也可以直接修改库项目元素，然后更新网页即可。

单击资源面板左侧最后一个按钮"库"，打开库面板。单击右下角的"新建库项目"按钮，新建库元素，如图3-128。双击打开"库项目"然后进行编辑，如图3-129是编辑完库中显示名称为"LOGO"的库项目。

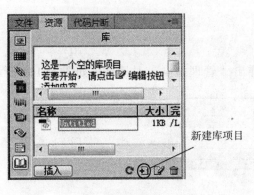

图 3-128

图 3-129

其实也可以把简单的网页文件另存为"库"项目，其文件类型为".lbi"。需要把库项目插入到网页时，先定位光标，然后直接从库面板拖拽到网页文件中即可。更新修改库项目之后，同样会有更新的提示框进行更新。也可以通过"修改"/"库"/"更新页面"命令来更新整个网站中应用了该库项目没有及时跟新的网页文件。如图 3-130。

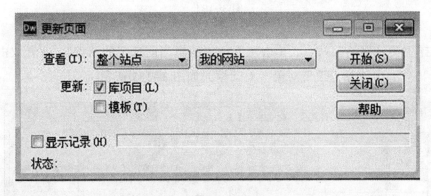

图 3-130

# 3.10 向服务器上传主页

当制作好网站，经过调试确认网页之间的链接以及网页内容显示都没有问题之后，就可以把网站上传了，上传之前需要先申请一个服务器空间。上传网站可以用 Dreamweaver 或者 FTP 工具。

### 3. 10. 1 Dreamweave 上传文件

单击"站点"/"管理站点"命令弹出"管理站点"对话框，如图 3-131 所示。

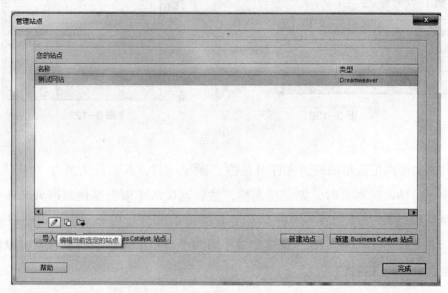

图 3-131

选择"测试网站"站点，单击左下角"编辑当前选定的站点"（或者双击"测试网站"）弹出"站点设置对象"对话框，如图 3-132 所示。

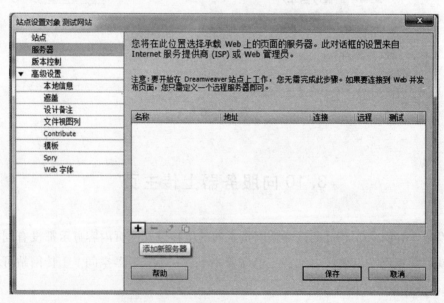

图 3-132

选择左侧"服务器"，单击左下角"+"添加新服务器，需要添加申请空间的服务器名称，FTP 地址以及申请空间时的用户名和密码，然后测试，如图 3-133，添加完成保存即可。

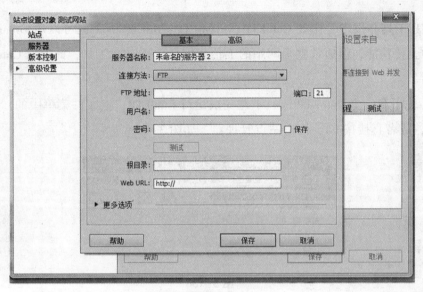

图 3-133

然后回到"文件"面板，在此处单击"连接到远程服务器"，也可以连接到申请的空间，如图 3-134，选择要上传的文件，单击"向远程服务器上传文件"按钮上传文件，如图 3-135。

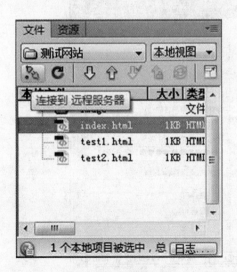

图 3-134

图 3-135

但通常不使用 Dreamweaver 发布整个站点，应为速度会比较慢。但当单个的网页修改后可以通过 Dreamweaver 上传。

### 3.10.2 FTP 发布站点

FTP 工具有很多，比如 CuteFTP、FlashFTP、8uFTP 等，也可以用 Dreamweaver 提供的上传功能，但通常整个网站的上传我们会选择 FTP 工具，此处以 CuteFTP 为例介绍。

1. 先下载一个 CuteFTP 或，下载完成运行 CuteFTP，点文件菜单中的"站占管理器"，或者直接按 F4，调出站点管理器，如图 3-136。

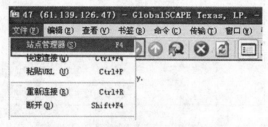

图 3-136

2. 站点设置中点"新建"，站点标签任意设置一个名字，FTP 主机地址填自己的域名；填入 ftp 站点用户名称和密码，ftp 连接口用默认的 21，登录类型选择为"普通"。填完后点"连接"就登录到服务器了。如图 3-137。

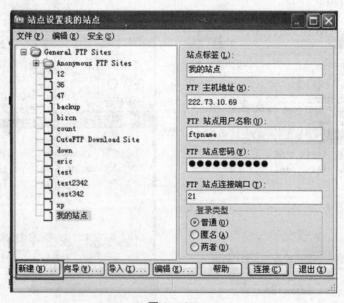

图 3-137

3. 登录后会显示 4 个文件夹，wwwroot 目录才是放置网站内容的。双击该文件夹进入，然后再把左边的文件拖到右边窗口即完成文件的上传。如图 3-138。

图 3-138

4. 如果在使用 FTP 上传文件时出现无法列表的情况，可能是由于选择在 PASV 方式下进行上传而导致的。因此，请将上传方式改为 PORT。相同的软件，版本不同，设置方法也略有不同，因此需要根据实际情况进行设置（若取消 pasv 后还无法访问，请尝试将 pasv 前边的"使用防火墙访问"选中后再试一次）。CuteFTP 5.0XP 设置方法：选择编辑—>点击设置，如图 3-139。

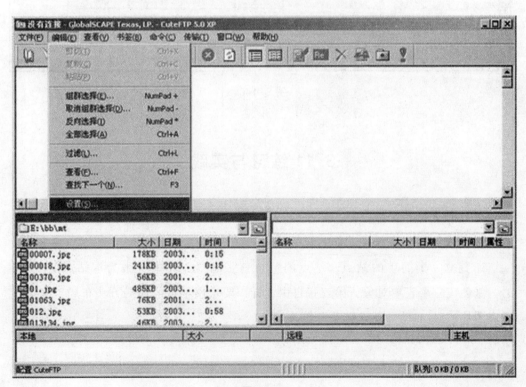

图 3-139

5. 选择防火墙—>点击 "PASV 模式" 去掉复选框中的打勾选项—>点击确定,若连接后出现 " Data connection closed, transfer aborted " ,请将 "启用防火墙访问"选项选中。如图 3–140。

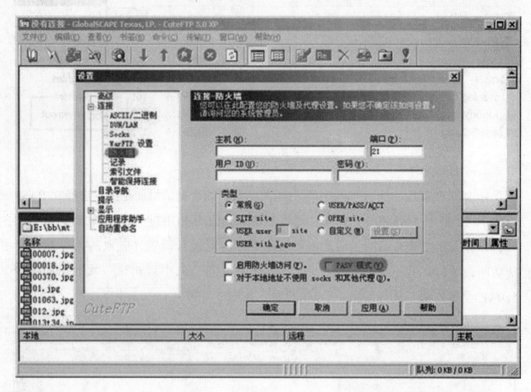

图 3-140

## 3.11 练习与实践

1. 比较表格布局、框架布局及 Div+CSS 布局的优缺点。

2. 简述行为、事件及动作之间的关系。

3. 建立一个简单的站点,站点内包含三张网页,其中一张为本站点的主页,另一张创建一个表单对象,第三张自由设计。要求用学过的布局方法布局,网页中要有图片、Flash 动画及导航菜单等。

# 第四章
# Fireworks

**本章要点**：矢量图像和位图图像介绍；矢量图的绘制与编辑；文本的应用；位图的处理；层、蒙版和滤镜的应用。

Fireworks 是 Macromedia 公司发布的一款专为网络图形设计的图形编辑软件，它大大简化了网络图形设计的工作难度，无论是专业设计家还是业余爱好者，使用 Fireworks 都不仅可以轻松地制作出十分动感的 GIF 动画，还可以轻易地完成大图切割、动态按钮、动态翻转图等。因此，Fireworks 是一款很好用的网页制作辅助软件。2005 年，Adobe 用 34 亿美元收购 Macromedia 公司，Fireworks 随之跟随至 Adobe，目前的 Fireworks CS6 是最终版本，Adobe 不再为其开发新的功能，今后只是提供必要的安全更新和 Bug 修复。

## 4.1 网页图像概述

### 4.1.1 矢量图像和位图图像

计算机绘图分为位图图像和矢量图形两大类，位图图像和矢量图形没有好坏之分，只是成像的原理不同、效果不同，因此最终的用途不同而已。

1. 位图图像

位图图像也叫作栅格图像，Photoshop 以及其他的绘图软件一般都使用位图图像。位图图像由像素组成，每个像素都被分配一个特定位置和颜色值。在处理位图图像时，编辑的是像素而不是对象或形状，也就是说，编辑的是每一个点。位图图像与分辨率有关，即在一定面积的图像上包含有固定数量的像素。因此，如果在屏幕上以较大的倍数放大显示图像，或以过低的分辨率打印，位图图像会出现锯齿边缘。

## 2. 矢量图像

矢量图形由矢量定义的直线和曲线组成，Adobe Illustrator、CorelDraw、CAD 等软件是以矢量图形为基础进行创作的。矢量图形根据轮廓的几何特性进行描述。图形的轮廓画出后，被放在特定位置并填充颜色。移动、缩放或更改颜色不会降低图形的品质。

矢量图形与分辨率无关，可以将它缩放到任意大小和以任意分辨率在输出设备上打印出来，都不会影响清晰度。因此，矢量图形是文字（尤其是小字）和线条图形（比如徽标）的最佳选择。

### 4.1.2 图像的格式

目前网络支持的图形格式主要有 jpeg/jpg、gif、png 三种，这三种格式各有利弊，在设计网页时，要根据实际情况来考虑选择使用哪种图像格式。

1. jpeg/jpg（Joint Photo Graphic Experts Group）格式，是一种失真压缩的文件格式，气压缩效果非常明显，并支持真彩色 24 位和渐进格式。但压缩后的文件相对网络图像而言仍然显得很大，仅适用于质量要求较高的图像，如颜色丰富的风景画和照片作品等。

2. GIF（Graphics Interchange Format，可交换的图像格式）格式，网页中最常用的图像格式，经过多次修改和扩充，其功能已经有了很大的改进。支持透明背景和动画功能，同时还支持"渐进交错"功能。与 JPEG 不同，它非失真压缩，存储格式由 1 位至 8 位，只支持 256 色，而不支持真彩色 24 位，这是 GIF 格式的主要特点。

3. PNG（Portable Network Graphics，可移植网络图形）格式，开发于 1995 年。它是一种新的无显示质量损耗的文件格式，同时还可以避免出现 GIF 自身的一些缺点，是 Fireworks 的默认格式，具有 JPEF 和 GIF 的优点。

## 4.2 初识 Fireworks

Fireworks 中的工具种类齐全，使用这些工作，可以在单个文件中创建和编辑矢量和位图图形。它所含的创新性解决方案解决了图形设计人员和网站管理人员面临的主要问题。特别是 Fireworks 中的大图切割，让网页加载图片时，显示速度更快。

利用 Fireworks 我们可以在弹指间便能制作出精美的矢量和点阵图、模型、3D 图形和交互式内容，无需编码，直接应用于网页和移动应用程序。

### 4.2.1 Fireworks CS6 的界面

启动 Fireworks CS6 后，系统会显示如图 4-1 所示的起始页。

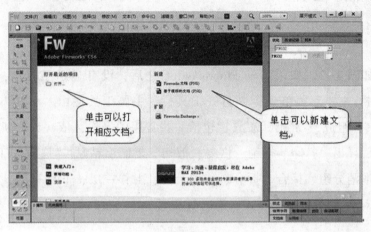

图 4-1

当我们在起始页的"新建"列中单击"Fireworks 文档（PNG）"后，将会打开"新建文档"对话框，设置相应参数后单击"确定"将进入 Fireworks CS6 的操作界面，如图 4-2。

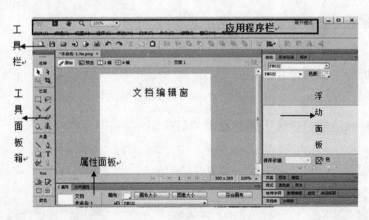

图 4-2

FireworksCS6 的操作界面由应用程序栏、"工具"面板、工具栏、文档标签、文档工具栏、"属性"面板和浮动面板等组成。

### 4.2.2 工具栏

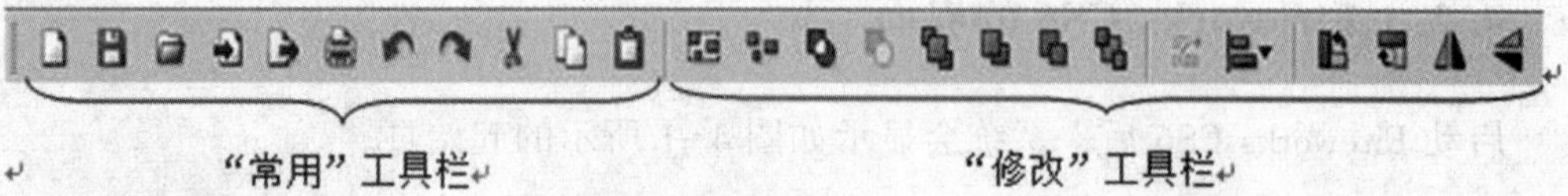

"常用"工具栏                "修改"工具栏

图 4-3

工具栏如图 4-3，如果启动 FireworksCS6 之后，没有显示工具栏，可以选择"窗口/工具栏/主要"菜单命令来打开工具栏。主要工具栏由"常用"工具栏和"修改"工具栏组成，"常用"工具栏包括一些常用的操作，依次为：新建、保存、打开、导入、导出、打印、撤销、恢复、剪切、复制、粘贴。"修改"工具栏依次是：分组、取消分组、接合、拆分、移动最前、上移一层、下移一层、移到最后、上次使用的对齐方式、对齐方式、逆时针旋转 90°、顺时针旋转 90°、水平翻转、垂直翻转。

分组：把选中的两个以上的对象组合成一个对象。

取消分组：把一个组合对象拆分成组合前的单个对象。

接合：合并选中对象的路径。

拆分：拆分合并路径。

移到最前：把选中的对象置于最前面。

上移一层：把选中的对象向上移一层。

下移一层：把选中的对象向下移一层。

移动最后：把选中的对象置于最底层。

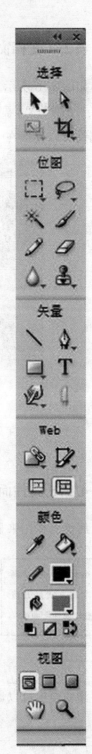

 对齐方式：可以把选中的对象按

要求对齐。

 逆时针旋转 90°：把选中的对象逆时针旋

转 90°。

 顺时针旋转 90°：把选中的对象顺时针旋

转 90°。

水平翻转：把选中的对象水平翻转。

垂直翻转：把选中的对象垂直翻转。

### 4.2.3 工具面板

如图 4-4 所示，工具面板包含了六个部分：选择、位图、矢量、Web、颜色和视图。如果工具按钮的右下角有小三角表明这是一组工具，单击可以显示整组工具，如图 4-5 所示，一次只能选择工具组中的一种工具。

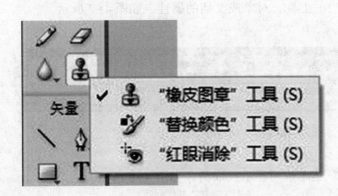

图 4-5

图 4-4

### 4.2.4 文档窗口

如图4-6所示文档窗口主要用于编辑文档，单击窗口左上方的"原始"、"预览"、"2副"、"4副"按钮可以在文档的原始视图和优化输出视图之间切换。播放控制键可以直接在"原始"窗口预览动画中各帧的状态。

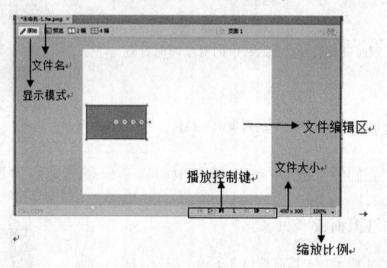

图 4-6

### 4.2.5 属性面板与浮动面板

属性面板用来显示或设置当前工具、对象或文档的属性。如图4-7所示。

图 4-7

浮动面板可以通过"窗口"菜单选项显示或取消。如图4-8所示。

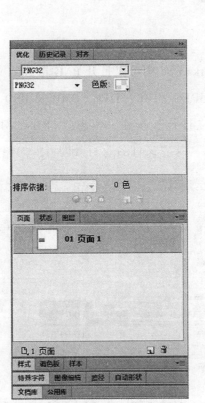

图 4-8

## 4.2.6 Fireworks CS6 文件的基本操作

1. 新建文件

选择"文件"/"新建"命令或单击主工具栏的"新建"按钮，弹出"新建文档"对话框；在"画布大小"位置设置画布的单位及画布的"宽度"、"高度"和"分辨率"；在"画布颜色"位置选择需要的背景色。如图 4-9。

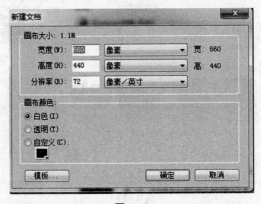

图 4-9

2. 打开和导入文件

打开文件：在 Fireworks CS6 中可以打开 PNG 格式的文件以及打开或导入很多常见的图像格式，比如 JPEG、GIF、TIFF、BMP 及 PSD 等。单击"文件"/"打开"命令或工具栏中的"打开"按钮，弹出"打开"对话框，在对话框中选择"查找范围"、"文件类型"及"文件名"打开即可。如图 4-10。

图 4-10

导入文件：单击"文件"/"导入"命令或工具栏中的"导入"按钮，从弹出的"导入"对话框中选择"查找范围"、"文件类型"及"文件名"，单击"打开"，然后画布上光标变为"⌐"形状，在画布左上角单击可导入图像。然后使用"指针"工具或者"部分选择"工具调整图片大小。如图 4-11。

图 4-11

116

两者的区别：打开是创建了一个新的文件窗口而导入则是在已打开的文件中添加图像，必须打开一个文件或者新建文件之后才能导入图像。

3. 修改文件

单击"修改"/"画布"，可以根据级联菜单命令调整画布大小和图像大小及画布颜色等。如图 4-12 所示。

| | |
|---|---|
| 图像大小(I)... | Ctrl+J |
| 画布大小(C)... | |
| 画布颜色(L)... | |
| 修剪画布(T) | Ctrl+Alt+T |
| 符合画布(F) | Ctrl+Alt+F |
| 旋转 180°(1) | |
| 顺时针旋转 90°(9) | |
| 逆时针旋转 90°(0) | |

图 4-12

4. 保存和导出文件

保存文件：单击"文件"/"保存"或"另存为"，首次保存文件都会弹出"另存为"对话框，如图 4-13，按要求设置保存路径和文件名，单击"保存"即可，默认扩展名为 .png，非首次保存单击"保存"命令，不会弹出对话，会以原路径及原文件名进行保存。

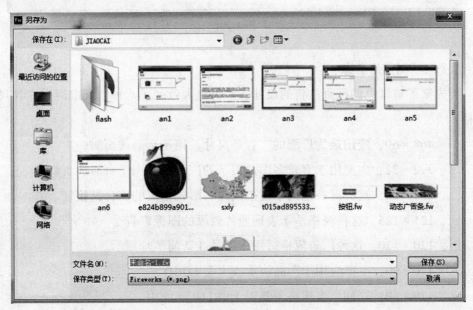

图 4-13

导出文件：制作网页图片文件时通常考虑到网页的浏览速度，会把图像导出为JPEG 或 GIF 格式，而为了便于修改原来的 PNG 文件也要保存。从"优化"面板中设置合适的导出格式，单击"文件"/"导出"或工具栏中的"导出"按钮，弹出对话框进行相应设置，然后"保存"即可。如图 4-14 所示。

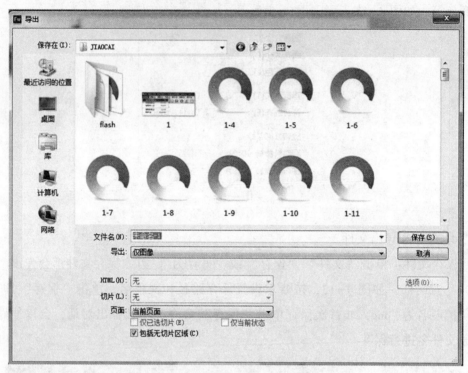

图 4-14

实践 1　制作广告条：

首先来了解常见的网页广告的尺寸，在这里大致列了八种。标准网页广告尺寸规格：

一、468 * 60，应用最为广泛的广告条尺寸，用于页眉或页脚。

二、392 * 72，主要用于有较多图片展示的广告条，用于页眉或页脚。

三、234 * 60，这种规格适用于框架或左右形式主页的广告链接。

四、125 * 125，这种规格适于表现照片效果的图像广告。

五、120 * 120，这种广告规格适用于产品或新闻照片展示。

六、120 * 90，主要应用于产品演示或大型 LOGO。

七、120 * 60，这种广告规格主要用于做 LOGO 使用。

八、88 * 31，主要用于网页链接，或网站小型 LOGO。

下面我们通过一个简单的实例来认识一下 Fireworks CS6 中工作的基本流程。

1. 启动 Fireworks CS6 后选择"新建 Fireworks 文档（PNG）"或者在 Fireworks 打开的情况下选择"文件/新建"，打开"新建文档"对话框。

2. 在"宽度"和"高度"文本框中分别输入"468"和"60"，单位为"像素"，分辨率设置为"72 像素/英寸"，在"画布颜色"选择"白色"。如图 4-15。

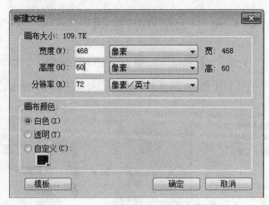

图 4-15

3. 选择"文件"/"导入"命令，打开"导入"对话框，在"查找范围"下拉列表框中选择要导入的文件所在的位置，然后在文件列表中选择要导入的文件，单击"打开"。

4. 光标变为"┌"形状，在画布左上角单击可导入图像。然后使用"指针"工具或者"部分选择"工具调整图片大 小。

5. 单击"工具"面板上的文本工具，在属性面板上设置字体为"隶书"，大小为"28"，颜色"#D80000"（红色），按"Ctrl+Enter"组合键结束输入。

6. 选择"文件"/"保存"命令，或按"Crtl+S"组合键，可打开"另存为"对话框，在"保存在"下拉列表框中选择保存文件的位置，在"文件名"文本框中输入文件名"ggt-1"，另存为类型默认为 PNG 格式，单击"保存"按钮。最终效果如图 4-16。

图 4-16

# 4.3 Fireworks 中矢量图的绘制和编辑

图像分为位图和矢量图两种。位图通常称为图像，矢量图被称为图形；矢量对象是以路径来定义形状的计算机图形，矢量对象的形状由路径上绘制的点确定。

### 4.3.1 Fireworks CS6 中矢量图的绘制

矢量工具包括："直线"工具、"矢量路径"工具组、"矩形"工具组、"文本"工具组、"自由变形"工具组和"刀子"工具，如图 4-17 所示。

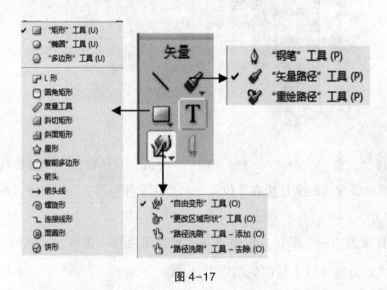

图 4-17

通过矢量工具绘制的图形可以通过"颜色工具"来设置颜色或填充颜色，也可以设置图案填充或纹理填充。当然也可以通过"属性"面板进行颜色的设置及填充。

### 4.3.2 Fireworks CS6 中矢量图的编辑

矢量图形也称之为路径。路径有开口和闭口两种。起点和终点重合的路径称之为闭口路径。如下图 4-18 所示（a）为闭口路径，（b）和（c）都属于开口路径。

用"钢笔"工具可以绘制直线路径和曲线路径，如图 4-19，编辑路径可以通过编辑路径上的点来修改路径，或者使用"自由变形"工具直接对矢量对象进行

120

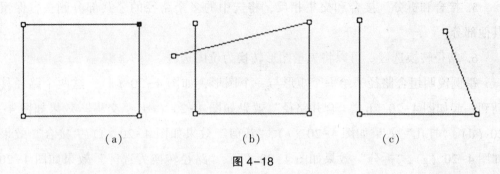

（a）　　　　　　　（b）　　　　　　　（c）

图 4-18

弯曲和变形操作，我们称之为推动路径和拉伸路径，推动路径时鼠标指针右下角带有小圆圈，拉伸路径时鼠标指针右下角会带有 S 形的小曲线图标。使用"更改区域形状"工具时会以鼠标指针为圆心生成两个同心圆，拖动鼠标路径就会改变。可以在属性面板中修改区域的大小、强度等。

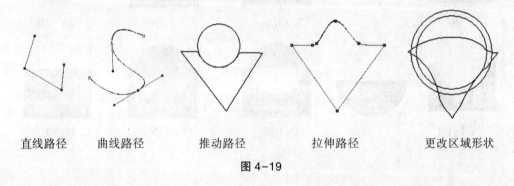

直线路径　　　曲线路径　　　推动路径　　　拉伸路径　　　更改区域形状

图 4-19

### 4.3.3 路径的修改

使用"修改"菜单中的"组合路径"操作，可以组合或改变路径，也可以使用"窗口/路径面板"中的工具来实现。

1. 合并路径。可以将两个及以上的路径合并成一个路径，重合部分完全合并，新路径的边框及填充色取决于下一层路径。

2. 交集。可以将选中的多个路径的公共部分留下来，其他部分剪去，新路径的边框及填充色取决于下一层路径。

3. 打孔。删除选中的下层路径与上层路径重叠的部分及上层路径，新路径的边框及填充色取决于下一层路径。

4. 裁剪路径。可以使用前面或最上面的路径决定裁剪区域的形状。

5. 接合和拆分。接合和交集相反，将选中的多个路径的公共部分删去，保留其他部分。

6. 路径转换选区。可以将矢量图形转换为位图选区。

举例说明组合路径，绘一个矩形与一个圆形，如图 4-20（a），这两个路径移动到一起如图 4-20（b），"合并路径"效果如图 4-20（c），"交集"效果如图 4-20（d），"打孔"效果如图 4-20（e），"裁剪"效果如图 4-20（f），"接合"效果如图 4-20（g），"拆分"效果如图 4-20（h），"路径转换为选区"效果如图 4-20（i）。

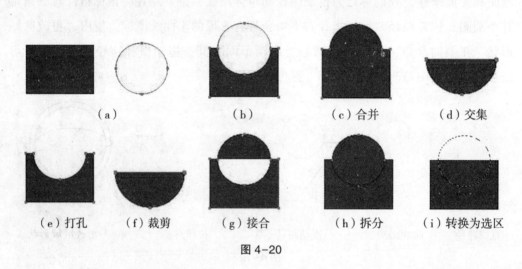

（a）　　　　（b）　　　　（c）合并　　　　（d）交集

（e）打孔　　（f）裁剪　　（g）接合　　（h）拆分　　（i）转换为选区

图 4-20

交集与裁剪的区别：交集是所有选中图形的重叠部分保留下来，而裁剪是剪掉多个路径的非重叠部分。如图 4-21（a）是三个图形按照（b）的位置重叠，交集结果如图（c），裁剪结果如图（d）。

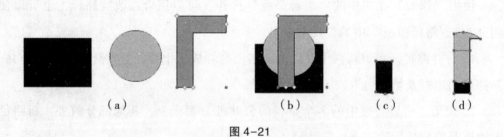

（a）　　　　　（b）　　　　（c）　　（d）

图 4-21

实践 2　绘制羽毛：

1. 新建文件大小为 468px * 300px，画布颜色为黑色。

2. 选择钢笔工具绘制羽毛的大致轮廓，填充为白色。如图4-22。

图4-22

图4-23

3. 把羽毛的羽轴也用钢笔工具勾勒出来，并填充灰色。如图4-23。

4. 然后在白色羽毛上画一些路径，运用路径的"打孔"操作给羽毛做出残缺的效果。如图4-24和图4-25所示。

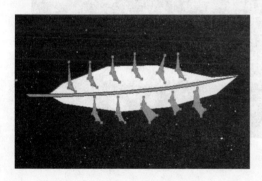

图4-24

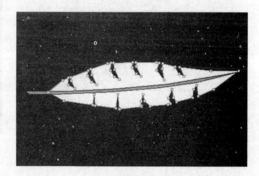

图4-25

5. 打孔作业完成后，选择"修改"/"平面化所选"菜单命令，转化成位图。

6. 选用位图工具"涂抹工具"，涂抹的笔触自己根据需要设置，然后开始对羽毛进行仔细涂抹，涂抹时一定要细心，涂抹前也可以先复制下图层以备用。如图4-26。

7. 羽轴也使用"修改"/"平面化所选"菜单命令，转化成位图模式，再选用减淡工具 对羽轴进行修饰。

8. 使用"滤镜"/"调整颜色"/"色相饱和度"，对其进行颜色的修改。如图4-27。

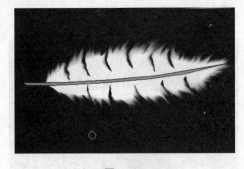

图 4-26

图 4-27

9. 再用椭圆工具画个小圆，和羽毛一样进行涂抹，涂抹后做适当的调整，位置放在羽轴前部置于底层，再复制一层，在属性面板修改其透明度如图 4-28，放在上面，最终效果如图 4-29 所示。

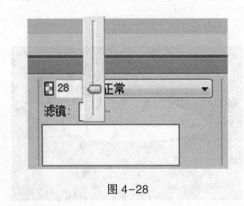

图 4-28

图 4-29

## 4.4 文本的应用

使用工具箱中的"文本"工具以及属性面板可以输入文本并设置文本格式。编辑文本时双击文本块，选中要编辑的文字，利用"属性"面板设置文本的字体、字号、颜色、间距、文字方向及对齐方式等，如图 4-30 所示。

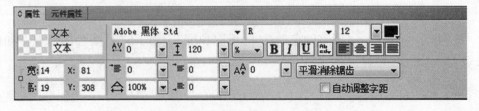

图 4-30

在 Fireworks CS6 中文本可以转换为路径，但这种转换是不可逆的，选择"文本"/"转换为路径"菜单命令即可转换，将文本转换为路径后，就可以使用所有的矢量编辑工具编辑字符的形状。如图 4-31 为"虎"字文本，转换为路径后使用"部分选定工具"可以调整"虎"字的形状，如图 4-32 所示。

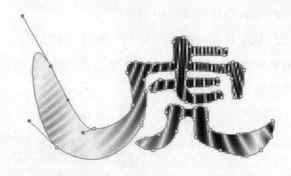

图 4-31                 图 4-32

# 4.5 位图的处理

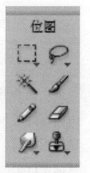

位图是由称为像素的彩色小正方形组成的图形，有时也称为栅格图像。Fireworks CS6 中可以使用位图工具绘图，如图 4-33；可以编辑照片，打开或导入图像来创建位图，或者将矢量图形转换成位图。但位图不能转换成矢量图形。

图 4-33

## 4.5.1 位图工具

从工具面板选择合适的工具就可以在画布上绘图了。如同 Photoshop 一样在 Fireworks CS6 的位图工具中有"选区"工具、"绘图"工具、"橡皮擦"工具及其他编辑工具。"选区"工具包括"矩形选区工具、椭圆选区工具、套索工具、多边形套索工具及魔棒工具"，"绘图"工具包括"刷子工具和铅笔工具"，其他编辑工具包括"模糊、锐化、减淡、加深及涂抹工具、橡皮图章工具、替换颜色工具、红眼消除工具"。

## 4.5.2 创建图像映射

网页中超链接是重要的操作，图片超链接也很常见，在 Fireworks CS6 可以直接在图形上创建热点，然后将该图形导出为图像映射，同时会产生 HTML 文件和相应的图形文件，可以在 Web 浏览器中进行浏览。当我们单击该热点时就会链接到对应的页面。

实践 3　热点链接：

1. 导入原始图像"中国地图"。

2. 从工具面板选择"矩形"热点工具如图 4-34（或"圆形"热点工具、"多边形热点工具"）在"中国地图"图像中"山西区域"绘制热点。松开鼠标后，地图结果如图 4-35 所示。

矩形热点工具

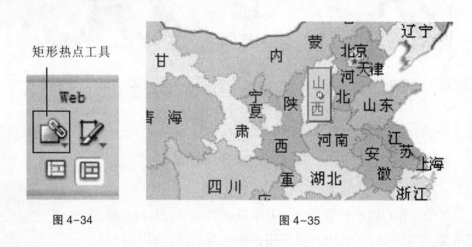

图 4-34　　　　　　　　　　　　　　图 4-35

3. 选中热点，在"属性"面板中输入链接目标的 URL 地址，此处链接地址为山西旅游网 http://sxta.com.cn ；"替代"文本框中输入"山西"，一旦浏览器无法显示图片时，就会用文本代替图片；在"目标"下拉列表中选择打开链接页面的目标窗口。如图 4-36 所示。

图 4-36

4. 选择"文件"/"导出"菜单命令，在弹出的对话框中设置 HTML 文件名及保存路径，导出类型为"HTML 和图像""HTML"下拉列表选择"导出 HTML 文件"，单击"保存"即可。如果想将图像映射复制到剪贴板以便将其粘贴到 Dream-

weaver 或其他 HTML 编辑器中，可在"HTML"下拉列表选项选择"复制到剪贴板"。如图 4-37。

图 4-37

### 4.5.3 图像切片

切片就是把一副大图按照需要分割成小图像，可以单独优化，也可以以不同的格式输出图像的每一张切片，有利于图像在网络上的应用。绘制切片可以使用工具面板中的"切片"工具和"多边形切片"工具。

实践 4　导航图片制作

1. 导入"网站首页"图片，如图 4-38。

2. 如果想把"首页"、"作品"、"收藏"及"留言"等切出来成为导航图片用在后面制作网页中，可以使用工具面板中的切片工具在图片需要的位置拖动鼠标绘制矩形，释放鼠标后就形成绿色的切片，如图 4-39。重复此步骤依次完成切片。

图 4-38

图 4-39

3. 绘制切片时，软件会自动为每个切片命名，用户也可以在"属性"面板重新为切片命名，也可以在"属性"面板为切片创建超链接。如图 4-40 所示。

图 4-40

128

4. 切片完成后必须导出保存，可以只把切片导出为图像，也可以把切片导出为 HTML 文件。选择"文件"/"导出"菜单命令或者在切片上右击鼠标弹出快捷菜单选择"导出所选切片"命令，都会弹出"导出"对话框，如图 4-41，然后设置保存位置，切片名称，只保存图片时选择"仅图像"，需要 HTML 文件时选择"HTML 和图像"，如果想保存整个大图片里所有的区域时，可以取消"仅已选切片"复选框，勾选"包括无切片区域"复选框。

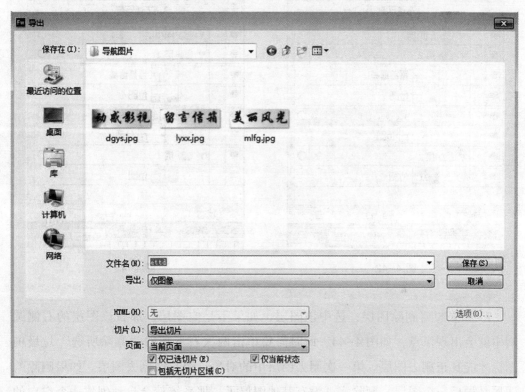

图 4-41

# 4.6 层、蒙版和滤镜的应用

层、蒙版、滤镜的概念及操作基本同 Photoshop 中是一样，下面依次简要介绍。

## 4.6.1 层

Fireworks 中的层与 Photoshop 中的层并不完全相同，有点像 Photoshop 中的图层组，Fireworks 中的文件可以包含很多层，而每一层又可以包含许多子层或对象。

1. 在"层"面板底部有个"新建/重置层"按钮，如图4-42，可以添加空白层，通常添加的层会出现在当前选中层上方。单击"新建子层"按钮，如图4-43，或者在当前层单击右键，在右键菜单选择"新建子层"菜单命令，都可以在选定层中添加子层。从图可以看出，文件中包含三个图层，而图层2又包含两个子图层。

图4-42

图4-43

2. 如果想要删除图层，选中该图层，如果不是空图层，那么该图层的右侧圆圈中就会出现黑点，如图4-44，此时需要单击两次右下角的"删除所选"垃圾桶图标才能真正删去图层。第一次删去图层中的对象，第二次删去图层。如果删除的图层是最后一个图层，删除完就没有其他图层了，那系统就会自动创建一个空白的新图层。

3. 在每一个层的前面都有三角按钮，单击三角按钮可以折叠或展开该图层。图层和图层对象的名称都可以修改，双击图层或图层对象就可以输入新的名称了，如图4-45。

4. 复制层，会把层里所有的内容都复制。可以在选中层单击右键弹出右键菜单，也可以单击层面板右上角按钮弹出菜单，在菜单里单击"重制层"菜单命令，会弹出"重制层"对话框，如图4-46所示。或者直接把想复制的层拖动到面板下方的"新建/重置层"按钮上就自动复制了。复制完如图4-47。如果只复制图层中的对象，可以只选择该对象进行复制，会自动新建一个层把该对象的副本放进去。

图 4-44

图 4-45

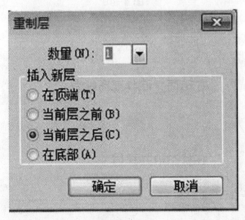

图 4-46

图 4-47

5. 移动层或对象很简单，直接选中用鼠标拖动到目标位置就可以了，如图 4-48。想锁定层或对象，在前面的方格直接单击，出现锁的图标，此时该层或对象就不能被操作了。想隐藏或显示该层或对象，就单击最前面的眼睛所在方框即可，如图 4-49。

6. 共享层。如果希望背景之类的对象出现在网页的所有页面上时，可共享层。选中要共享的层，单击右键弹出右键菜单（也可以单击层面板右上角按钮弹出菜单），在菜单里单击"在状态中共享层"菜单命令或单击"将层在各页面间共享"，在该层的右侧就会出现被共享的图标。如图 4-50 所示。

注意：子层不能单独被共享，要想共享子层必须共享其父层。

图 4-48                               图 4-49

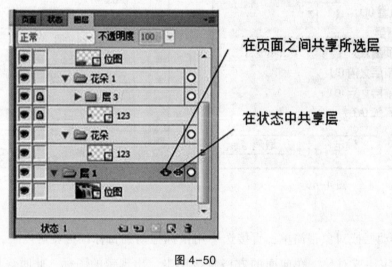

图 4-50

7. 合并对象。把同一图层下要合并的对象选中，在该层单击右键弹出右键菜单（也可以单击层面板右上角按钮弹出菜单），如图 4-51，在菜单里单击"平面化所选"菜单命令或单击"向下合并"命令。合并后不会影响切片、热点或按钮，但无论是矢量图还是位图一旦合并就是去了可编辑性。

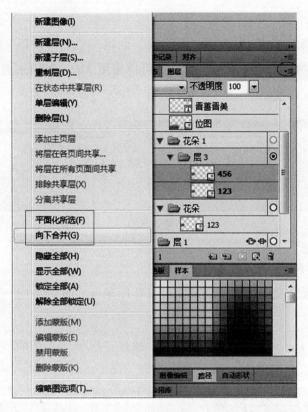

图 4-51

### 4.6.2 蒙版

蒙版能隐藏或显示对象的某些部分，同 Photoshop 一样可以创建矢量蒙版或位图蒙版，还可以使用多个对象或者组合对象来创建蒙版。

1. 矢量蒙版

以矢量图形创建的蒙版，矢量蒙版将下方的裁剪或剪贴为其路径的形状，从而产生切饼模刀的效果，同时还可以保留路径的笔触。矢量蒙版的属性面板如图 4-52。

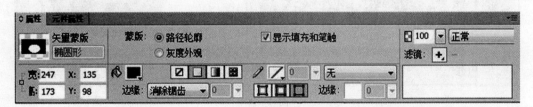

图 4-52

**2. 位图蒙版**

将位图对象用作蒙版时,"粘贴为蒙版"创建一个位图蒙版,使用位图对象的灰度颜色值影响被遮罩对象的可见度,也可以使用 Alpha 通道来应用。位图蒙版的属性面板如图4-53所示。

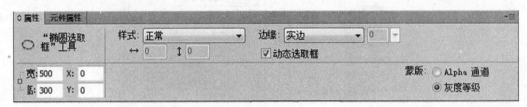

图 4-53

**3. 粘贴为蒙版**

"粘贴为蒙版"命令可创建矢量蒙版或位图蒙版。方法是用一个对象来重叠一个或一组对象。

下面制作一个"花苹果",打开素材,选择"窗口"/"平铺"菜单命令,如图4-54。

图 4-54

134

单击"苹果.jpg"选择"编辑"/"复制"菜单命令，然后切换到"花.jpg"窗口，单击"编辑"/"粘贴为蒙版"菜单命令，然选中位图蒙版，在属性面板选择"Alpha"通道，蒙版效果如图4-55。

图 4-55

指针单击合成后的图片，中心出现蓝色的小花，选择小花拖动图像可以调整被覆盖对象在蒙版中的位置。

4. 粘贴与内部

"粘贴与内部"命令同样可创建矢量蒙版或位图蒙版，具体取决于所用蒙版对象的类型。"粘贴与内部"命令通过矢量对象、文本或位图图像填充封闭路径或位图图像来创建蒙版。用作蒙版时，"粘贴为蒙版"创建一个矢量蒙版，使用矢量对象的路径轮廓来裁剪或剪贴被遮罩对象。将位图对象用作蒙版时，"粘贴为蒙版"创建一个位图蒙版，使用位图对象的灰度颜色值影响被遮罩对象的可见度。

打开"花.jpg"素材，在花上选择矢量工具"椭圆工具"绘制椭圆，如图4-56。

选择指针工具单击"花"，然后选择"编辑"/"剪切"菜单命令，如图4-57。

然后单击椭圆图形，选择"编辑"/"粘贴与内部"菜单命令，如图4-58。

网络媒体设计与制作

图 4-56

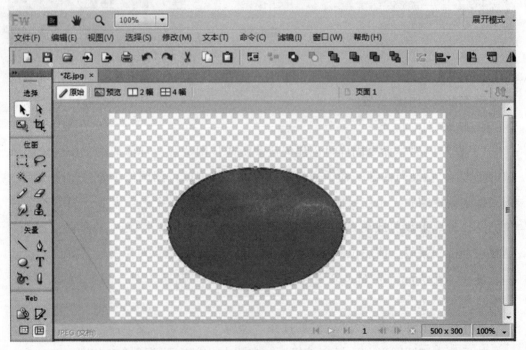

图 4-57

图 4-58

5. 组合为蒙版

利用"修改"/"蒙版"/"组合为蒙版"菜单命令也可以制作蒙版效果，可以将两个对象组合为蒙版，如果上方的对象应用了渐变填充时，可以制作虚幻的效果。如图 4-59 中的椭圆填充了渐变色。

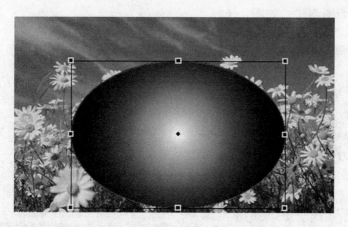

图 4-59

然后把"花"和"渐变椭圆"全部选中，单击"修改"/"蒙版"/"组合为蒙版"菜单命令，效果如图 4-60。

图 4-60

6. 利用"层"面板创建蒙版

使用"层"面板也可以方便的为对象添加蒙版，选中要创建蒙版的对象，然后从位图工具中选择任意选区工具绘制选区，如图 4-61，然后在层面板底部，单击"添加蒙版"按钮（或在该对象位置单击右键，右键菜单选择"添加蒙版"命令），完成蒙版的创建。如图 4-62。

图 4-61

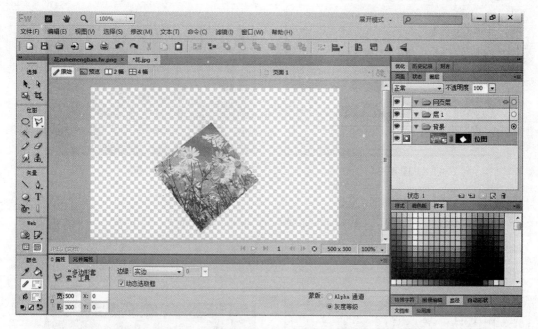

图 4-62

### 4.6.3 滤镜

滤镜可用于调整图像的颜色、色调、模糊或锐化图像等，动态滤镜可以应用于矢量对象、位图图像和文本的增强效果。滤镜可以从"属性面板"直接应用到所选对象，如图 4-63 所示。

图 4-63

1. 应用斜角边缘滤镜

（1）内斜角，选中要调整的对象，在属性面板选择"滤镜"/"斜角和浮雕"/"内斜角"，弹出参数设置对话框，如图 4-64，设置完成效果如图 4-65。

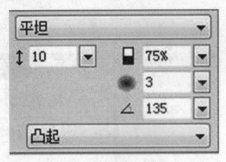

图 4-64

图 4-65

（2）外斜角，选中要调整的对象，在属性面板选择"滤镜"/"斜角和浮雕"/"外斜角"，弹出参数设置对话框，如图 4-66，设置完成效果如图 4-67所示。

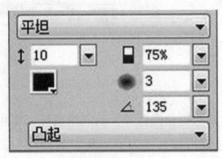

图 4-66

图 4-67

2. 应用浮雕滤镜

（1）凸起浮雕，选中要调整的对象，在属性面板选择"滤镜"/"斜角和浮雕"/"凸起浮雕"，弹出参数设置对话框，如图 4-68，设置完成效果如图 4-69。

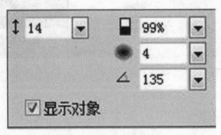

图 4-68

图 4-69

（2）凹入浮雕，选中要调整的对象，在属性面板选择"滤镜"／"斜角和浮雕"／"凹入浮雕"，弹出参数设置对话框，如图 4-70，设置完成效果如图 4-71。

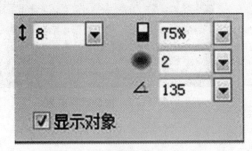

图 4-70

图 4-71

3. 应用阴影和光晕

（1）应用纯色阴影。选中要调整的对象，在属性面板选择"滤镜"／"阴影和光晕"／"纯色阴影"，弹出参数设置对话框，如图 4-72，设置完成效果如图4-73。

图 4-72

图 4-73

（2）应用投影或内侧阴影。选中要调整的对象，在属性面板选择"滤镜"／"阴影和光晕"／"投影或内侧阴影"，弹出参数设置对话框，如图 4-74 和图 4-76，设置完成效果如图 4-75 和图 4-77 所示。

图 4-74　投影参数

图 4-75　投影效果

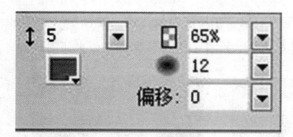 

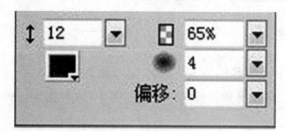 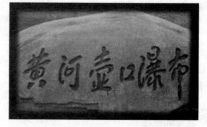

图 4-76　内侧阴影参数　　　　　图 4-77　内侧阴影效果

（3）光晕和内侧光晕。选中要调整的对象，在属性面板选择"滤镜"/"阴影和光晕"/"光晕或内侧光晕"，弹出参数设置对话框，如图 4-78 和图 4-80，设置完成效果如图 4-79 和图 4-81。

图 4-78　光晕参数　　　　　图 4-79　光晕效果

图 4-80　内侧光晕参数　　　　　图 4-81　内侧光晕效果

4. 调整亮度和对比度。选择菜单"滤镜"/"调整颜色"/"亮度/对比度"，弹出"亮度/对比度"对话框，如图 4-82，调整亮度及对比度的值（范围为-100~+100）。

图 4-82

5. 调整位图中的色调范围。一个有完整色调范围的位图，其像素必须均匀分布在所有区域内。可以用色阶、曲线及自动色阶来调整色调范围。

（1）色阶。可以校正像素高度集中在高亮、中间色调或阴影部分的位图。选择菜单"滤镜"/"调整颜色"/"色阶"，弹出"色阶"对话框，如图 4-83，按照需要调整参数值。

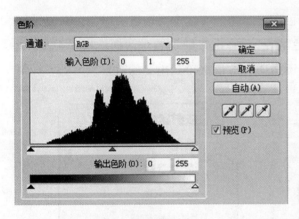

图 4-83　　　　　　　　　　　　　　　　图 4-84

（2）曲线。与色阶相比曲线对色调范围的调整更精确。选择菜单"滤镜"/"调整颜色"/"曲线"，弹出"色阶"对话框，如图 4-84，按照需要调整参数值。

6. 调整色相和饱和度。

色相指图像中颜色的纯度。饱和度是指图像中颜色的饱满程度。选择菜单"滤镜"/"调整颜色"/"色相/饱和度"，弹出"色相/饱和度"对话框，如图 4-85，按照需要调整参数值。

勾选"彩色化"复选框时，色相和饱和度的值的范围将发生变化。

图 4-85　　　　　　　　　　　　图 4-86

7. 反转图像。

反转图像功能，可以将图像中的每一种颜色更改为它在色轮中的反向颜色，其效果类似于照片的底片，如图 4-86。选择菜单"滤镜"/"调整颜色"/"反转"菜单命令即可。

8. 颜色填充滤镜。

颜色填充滤镜其实是通过混合颜色来更改颜色，选中要调整的对象，在属性面板选择"滤镜"/"调整颜色"/"颜色填充"，弹出参数设置对话框，如图 4-87 所示，可以选择不同的混合模式，调整不透明度的值来得到想要的效果。

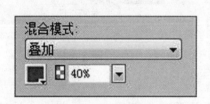

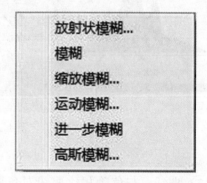

图 4-87　　　　　　　　　　　　图 4-88

9. 模糊滤镜。

模糊图像就是柔化所选图像的焦点，使图像变模糊，产生朦胧的效果，模糊滤镜共有六种效果，分别是：模糊、进一步模糊、高斯模糊、运动模糊、放射状模糊和缩放模糊。如图 4-88。

10. 锐化滤镜。

锐化滤镜可以使图像边缘更清晰，但是本质上与模糊并不是可逆的，图像运用了模糊滤镜后，再使用锐化滤镜并不能使图像恢复原来的像素及清晰度。锐化滤镜有三种，分别是：锐化、进一步锐化和锐化蒙版。如图4-89所示。

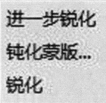

图4-89

11. 其他滤镜

（1）查找边缘，通过识别图像中颜色过渡情况，并将他们转变成线条，通过这个滤镜我们可以来制作图像素描的效果。选中图像，选择"滤镜"/"其他"/"查找边缘"命令，效果如图4-90。

图4-90

图4-91

（2）转化为 Alpha，可通过 Alpha 通道来保存图像的颜色信息，根据图像的透明度，对图像作透明化处理，透明程度由图像颜色分布来决定。选中图像，选择"滤镜"/"其他"/"转化为 Alpha"命令，效果如图4-91所示。

# 4.7Fireworks 应用实例

实例5　制作网页效果图：

前面学习了 Fireworks 的这么多知识，现在我们来制作一个个人网页效果图，这个效果图通常在真正制作网页之前在 Fireworks 或 Photoshop 中来完成，是必要的步骤。

1. 新建文件，文件大小为 990×700 像素，画布背景为白色。使用"矩形选取框工具"沿整个画布绘制一个矩形选区。如图4-92。

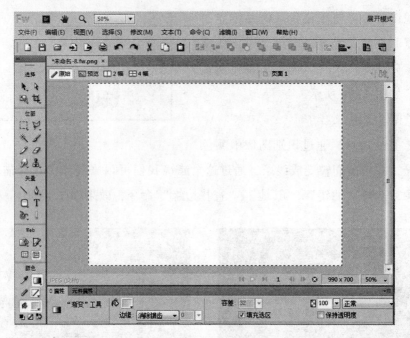

图 4-92

2. 选择"渐变"工具，在属性面板上设置渐变类型为"线性"，左侧色标颜色为"#FFBFBF"，右侧色标颜色为#FFEFBF，在矩形选区内填充渐变，然后取消选区。

3. 打开"层"面板，单击"新建/重制层"按钮，新建层 2，将其命名为 left，使用圆角矩形工具绘制一个宽 200 单位高 660 单位的矩形，选中矩形，在属性面板设置填充为"实心"，颜色为#FF9999，纹理为"对角线 1"，纹理总量为 65%，如图 4-93。

图 4-93

图 4-94

4. 打开"向日葵"素材拖动到左侧,运用"缩放工具"调整大小,如图4-94。

5. 选择矩形工具,在向日葵图像上绘制大小相同的矩形,填充类别为"线性渐变",从#DB750E到白色的渐变,然后选中向日葵与刚绘制的矩形,单击"修改"/"蒙版"/"组合为蒙版",效果如图4-95。

图 4-95

6. 在层面板新建层,并重命名为right,选择矩形工具,设置填充颜色为白色,描边颜色为白色,笔尖大小为20,描边种类为"虚线/点状线",边缘柔化为50,在画布右侧绘制一个宽680,高654的矩形,并为矩形添加"投影"效果。效果如图4-96。

图 4-96

7. 用矩形工具绘制矩形,打开"样式"面板,如图4-97,选中矩形为它添加合适的样式来制作按钮。图4-98为镶边样式Chrome028的效果。

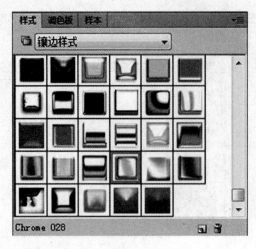

图 4-97

图 4-98

也可以为矩形加滤镜效果，制作按钮效果，本例中为矩形添加了"外斜角"滤镜。然后在矩形按钮上加文字。效果如图 4-99。

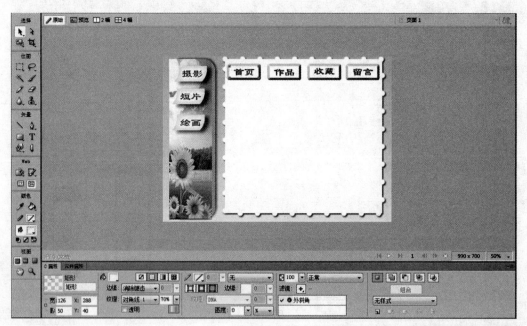

图 4-99

8. 回到 left 层，选择"窗口"/"自动形状"，打开"形状"面板，选择"自动形状"中的"批注"直接拖到文件中向日葵图上，如图 4-100 所示。

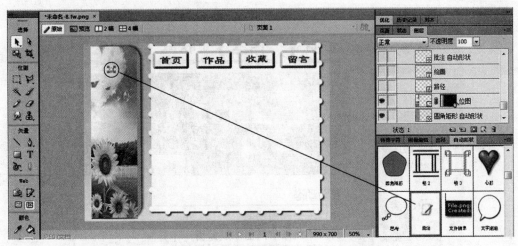

图 4-100

使用缩放工具调整大小，然后使用"部分选定"工具把笔去掉，然后复制两份放在下面，效果如图 4-101。

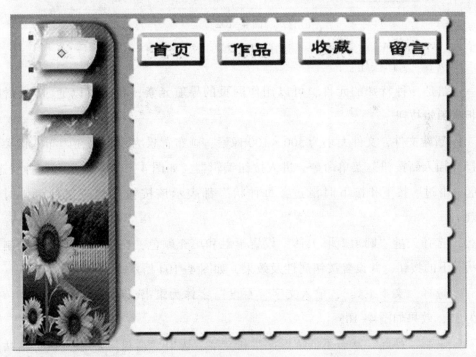

图 4-101

9. 同样添加文字，然后回到 right 图层导入风景素材图，在下方添加文字"最新动态……"等。网页简单的效果图制作完成，如图 4-102 所示。

149

图 4-102

实例 6　制作按钮:

按钮是一种特殊的元件,可以用作网页的导航元素,我们可以通过"属性"面板来编辑按钮。

1. 新建文件,文件大小为 500 * 100 像素,画布背景为白色,在画布右键菜单选择"插入新按钮"菜单命令,进入按钮编辑器,如图 4-103,按钮有四种状态:弹起、滑过、按下和按下时滑过,每种状态都表示该按钮在响应鼠标事件时的外观。

2. 选择矢量"圆角矩形工具"设置笔触和填充颜色,在按钮编辑器上绘制弹起状态下的按钮,并设置按钮属性及效果,如图 4-104 所示。

3. 选择"文本工具",输入文字"百度"字体为隶书,颜色为黄色#ffff00,字号为 35,效果如图 4-105。

4. 复制"弹起"状态下的矩形按钮和文字,选中"滑过"状态,执行粘贴操作,然后修改矩形按钮和文字颜色、字号为 45,如图 4-106。

5. 使用同样的方法,分别设置其他两个状态"按下"和"按下时滑过"状态矩形按钮和文字的外观。如图 4-107。

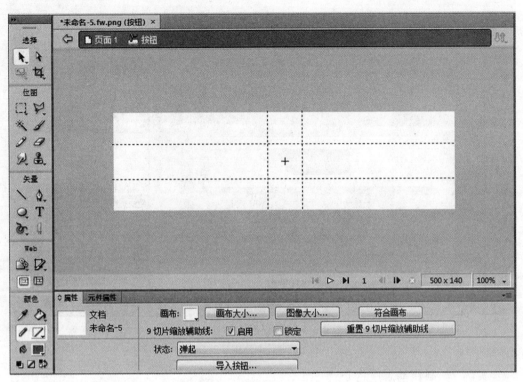

图 4-103

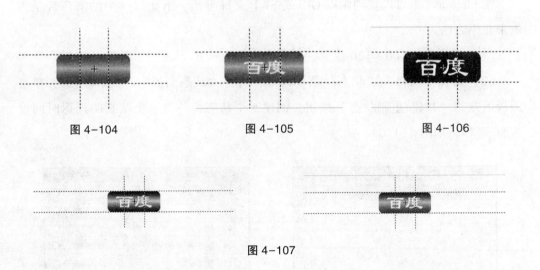

图 4-104　　　　　　　　　　图 4-105　　　　　　　　　　图 4-106

图 4-107

6. 接下来为按钮添加超链接。回到页面，选择按钮，在属性面板链接文本框中输入 URL（比如 http://www.baidu.com），替代文本框可以输入"百度搜索"，目标中选择打开链接网页的目标窗口，如图 4-108。制作完成保存文件，按 F12 可以在浏览器中预览效果。最后导出按钮，利用这个方法可以制作网站的导航栏。

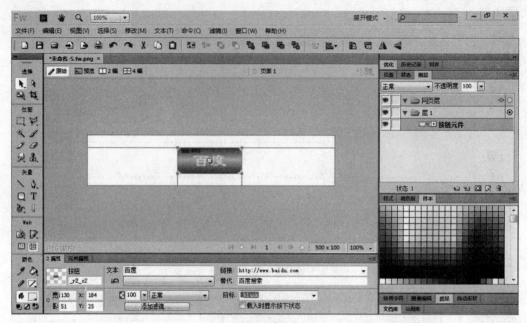

图 4-108

实例 7　制作动态广告条：

在 Fireworks 中可以将动画以 GIF 或 SWF 文件导出，下面以一个动态广告条为例来介绍方法。

（1）新建文件 500 * 120 像素，画布为白色。

（2）选择"窗口"/"状态"菜单命令，打开"状态面板"，如图 4-109，单击面板下方的"新建/重制状态"按钮，创建 5 个状态，并将每个状态的延迟时间设为 80 毫秒，如图 4-110。

图 4-109

图 4-110

（3）单击状态 1，导入画布一副图像，如图 4-111。

图 4-111

选择状态 2，导入另一幅图像，如图 4-112。

图 4-112

依次导入五幅图即可。在窗口下方有播放按钮，可以预览动画效果。还可以选择"文件"/"导出"命令，弹出"导出"对话框，设置导出位置及名称，导出为 GIF 动画。

# 4.8 练习与实践

1. 运用学过的制作按钮的方法，制作一个导航栏。
2. 制作一个类似如下图的文字蒙版效果。

# 第五章
# Flash

**本章要点**：Flash 动画的分类及制作方法；Flash 动画的导出与发布；Flash 动画的应用；Flash 是 Adobe 公司开发的，是一个以矢量对象为主要动画元素，并结合位图对象、音频对象、视频对象和 Flash ActionScript 脚本进行 Flash 动画创作的专业化程度极高的应用软件。Flash 动画的最大优点是文件体积小，放大后不失真且有很强的交互性。Flash 动画的应用领域包括：网站动画、片头动画、Flash 广告、Flash 动漫与 MTV、Flash 贺卡、Flash 游戏、Flash 网站、多媒体光盘、教学课件及手机应用。

## 5.1 Flash 基本知识

1. Flash cs6 的工作界面

初启动时，出现如图 5-1 启动界面。

选择 Actionscript3.0 或 ActionScript2.0 进入工作界面，如图 5-2 所示。

Flash cs6 的工作界面主要有标题栏、菜单栏、快捷工具栏、工具箱、"属性"面板、时间轴、舞台和浮动面板等。

2. Flash 的相关概念

（1）电影：在 Flash 中将源文件成为电影（Movie）。

（2）场景：整个 Flash 动画按照一定的次序划分成不同的时间段或故事情节区间，每个时间段或故事情节区间就可以看作一个动画的场景。

（3）舞台：指 Flash 动画的工作区，在 Flash 中每个场景分别对应一个舞台。

（4）帧：Frame 是 Flash 动画最基本的组成元素，有普通帧、关键帧、空白关键帧等。

单击 ActionScript3.0 或 ActionScript2.0 进入工作界

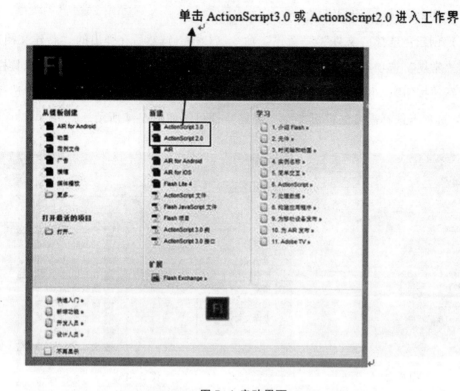

图 5-1 启动界面

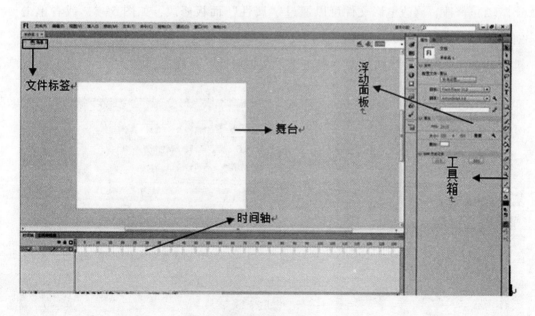

图 5-2 工作界面

3. 电影的创建、修改及保存

（1）创建：选择"文件"/"新建"命令（Ctrl+N）然后在弹出的"新建文档"对话框"常规"选项卡中选择需要的类型创建文件，如图5-3，或者单击主工具栏上的"新建按钮"，也可以选择"文件"/"新建"命令然后在弹出的对话框中选择"模板"选项卡选择需要的模板类型"确定"即可，如图5-4所示。

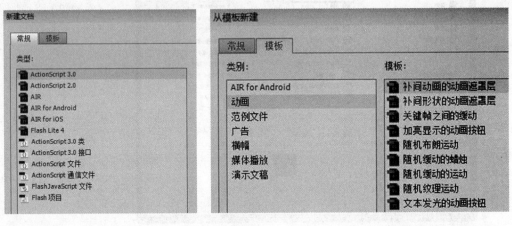

图 5-3                                              图 5-4

（2）修改：修改电影文件可以通过"属性"面板修改，如图5-5，或者单击"修改"/"文档"命令，弹出"文档设置"对话框修改，如图5-6，也可以通过右键单击舞台空白处弹出快捷菜单中选择"文档属性"来修改。

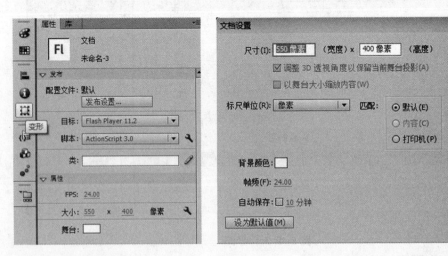

图 5-5                                              图 5-6

156

尺寸是电影文件的宽度与高度，默认单位是像素，最大值为 2880 像素×2880 像素；背景颜色表示电影文件舞台区域的背景颜色；帧频单位是 fps 表示电影文件每秒钟播放动画的帧数，对于网站中播放的动画一般 8—15fps 就可以了；标尺单位指 Flash cs6 中与尺寸有关的度量单位，一般建议使用像素。

（3）保存：单击"文件"/"保存"菜单命令可以将当前电影文件保存为 *.fla 等格式，"另存为模板"可以将当前 *.fla 格式的电影文件保存成 Flash 的模版文件。

（4）导入：通过"文件"/"导入"菜单命令可以将其他软件创建的文件导入到 Flash 中来，可以导入的文件格式有 *.png　*.psd　*.ai　*.flv　*.jpg　*.gif　*.dxf　*.mov　*.avi　*.mpg　*.mp3　*.wav　*.mp4　*.3gp 等，当文件被导入 Flash 舞台之后同时也会在"库"面板中生成一个新的库对象。

（5）导出：通过"文件"/"导出"/"导出影片"菜单命令可以将电影文件导出为 *.swf　*.mov　*.gif　*.pnf　*.avi　*.ai　*.jpg 格式；通过"文件"/"导出"/"导出图像"可以将当前电影文件的每个关键帧导出成一幅静态图片，一般为 *.ai　*.jpg　*.gif　*.png 格式。

## 5.2 Flash 工具介绍

使用"工具"面板中的工具可绘制、选择和修改图形，给图形填充颜色，改变场景的显示及设置工具选项等。Flash 的绘画模式有两种：一种是合并绘制模式，绘制出的图形就是散件，多个图形重叠时会自动合并；另一种是对象绘制模式，绘制出的图形就是一个整体，当多个图形重叠时各自独立。图 5-7 是工具面板的简要介绍。

## 5.3 Flash 动画的制作

层、时间轴及帧是制作 Flash 动画的必要部分，层的概念与 Photoshop 中层的概念一样，可以让不同的动画对象放在不同的层上，各自对立，修改时互不影响。时间轴是动画动起来的主要部分，动画必须通过时间轴中的帧按照一定的播放秩序才

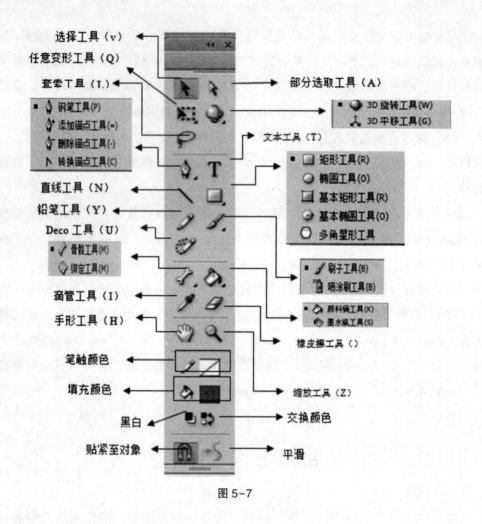

图 5-7

能组织起来。下面以不同的动画类型来介绍动画的制作。

### 5.3.1 传统补间动画

掌握的概念：层、时间轴、帧、元件。

传统的补间动画就是确定对象的起点位置及关键帧和终点位置及关键帧，中间的过渡由 Flash 计算得到，两个关键帧上必须是同一对象，且该对象不能是分散的矢量图形（散件）。下面以"滚动的小球"为例来学习传统补间动画的制作。

实例 1　滚动的小球

步骤：

1. 单击"文件"/"新建"菜单命令，弹出"新建文档"对话框，如图 5-8，新建文件大小为 550 像素×400 像素，背景为白色，其他值默认。

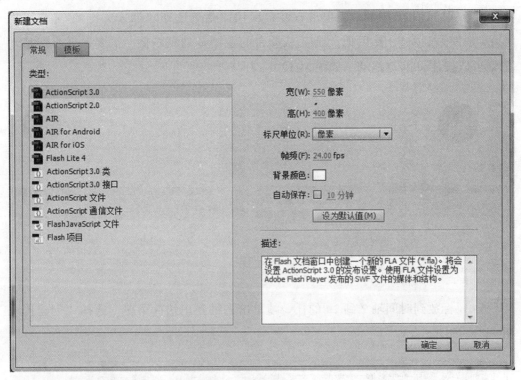

图 5-8

　　2. 设置笔触颜色为"无"，填充颜色为默认值即可，选择椭圆工具绘制圆（按住 shift 键可以绘出正圆，此时绘出的圆是散件，如图 5-9），此时图层 1 第一帧会自动成为关键帧。

　　3. 把圆转换成元件，如图 5-10（元件是 Flash 中一种可以多次重复使用的动画对象，应用于补间动画类型中），方法是选中对象"圆"，单击"修改"/"转换为元件"菜单命令（或者按快捷键 F8），弹出"转换位元件"对话框，输入名称，如图 5-11，选择需要的类型确定即可。

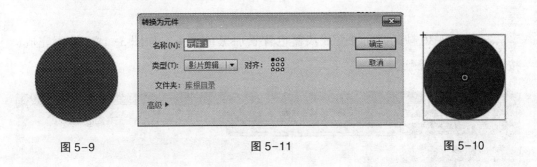

图 5-9　　　　　　　　　　　　　图 5-11　　　　　　　　　　　　　图 5-10

4. 在时间轴 30 帧的位置单击右键弹出快捷菜单选择"插入关键帧"(也可以按 F6 添加关键帧),然后把"圆"从舞台的左侧拖动到右侧,需要保证直线移动的话可以按住 shift 键拖动。如图 5-12 (a) 与 (b)。

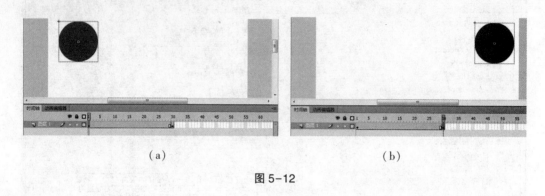

(a)　　　　　　　　　　　　　　　　(b)

图 5-12

5. 鼠标放到时间轴 2 到 29 的任一帧单击右键弹出快捷菜单,选择"创建传统补间",如图 5-13。

图 5-13

这时 1 到 30 帧的时间轴变成淡蓝色背景加黑色箭头,如图 5-14,动画完成,按下回车键即可测试。

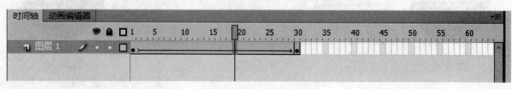

图 5-14

6. 单击"文件"/"保存"可以把动画保存为 ∗.fla 格式，如图 5-15 所示。

图 5-15

## 5.3.2 逐帧动画

掌握的概念：层、时间轴、帧。

逐帧动画也称之为帧帧动画，是由一帧一帧的画面组成的。它的原理类似原始的动画创建形式，每一帧都需要设计者确定，而不是由 Flash 计算得到。下面以"日升日落"为例来学习逐帧动画的制作。

实例2　日升日落

1. 新建文件大小为 550 像素×400 像素，背景为白色，其他值默认。

2. 选择"铅笔工具"，设置铅笔模式为"平滑"，用"铅笔工具"绘制一个封闭大山形状的曲线，然后选择"颜料桶工具"设置颜色为"#006600"，填充为墨绿色的山。此时可以把图层1命名为"大山"，作为背景图层，如图5-16。

3. 新建一个图层2命名为"太阳"，然后设置笔触颜色为"无"，选择椭圆工具绘制圆，填充颜色为红色"#FF0000"，调整图层1到图层2的上面，这样太阳就会藏到大山的后面了，如图 5-17。通常 Flash 中新建的图层会放在最上面，实际应用当中可以根据情况自己调整图层的顺序，直接用鼠标拖动图层即可。

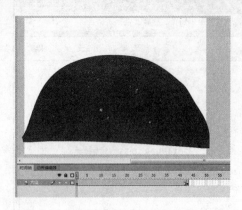

图 5-16

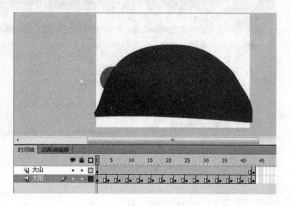

图 5-17

4. 图层 1 的"大山"不需要动画效果，因此只需要在 43 帧的位置插入关键帧就可以了。图层 2 的"太阳"可以隔一两帧插入一个关键帧同时移动太阳的位置，每一个关键帧包括舞台上太阳的移动都要手动完成，按下回车键即可测试。

5. 单击"文件"／"保存"弹出"另存为"对话框，可以把动画保存为"日升日落 .fla"。

### 5.3.3 形变动画

形变动画也称之为形状补间动画，是一个图形变成另一个图形的动画，比如圆变成正方形。与传统补间动画正好相反形状补间动画针对分散的矢量图形，如果想使用元件、文字、按钮等做形状补间动画对象则需要将它们"分离"，形状补间动画创建好后两个关键帧之间的背景变为淡绿色，下面以"方形变圆形"为例来学习形变动画。

实例 3　方形变圆形

1. 新建文件大小为 550 像素×400 像素，背景为白色，其他值默认。

2. 选择椭圆工具，设置笔触颜色为"无"，填充颜色为红色"#FF0000"，用椭圆工具在舞台的左侧绘制圆（按住 shift 键可以绘出正圆，此时绘出的圆是散件），此时图层 1 第一帧会自动成为关键帧。如图 5-18。

3. 在图层 1 的 30 帧的位置插入空白关键帧（也可以按 F7 添加空白关键帧），选择矩形工具，设置笔触颜色为"无"，填充颜色为绿色"#339900"，用矩形工具在舞台的右侧绘制矩形，如图5-19所示。

4.把鼠标移动到实践轴2到29的任意一帧单击右键弹出快捷菜单选择"创建补间形状"，这时1到30帧的时间轴变成淡绿色背景加黑色箭头，动画完成，按下回车键即可测试。按需要保存动画。

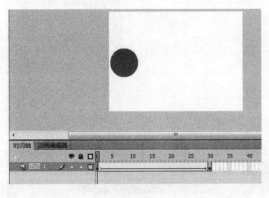
图5-18

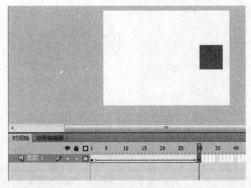
图5-19

### 5.3.4　补间动画

补间动画的运动对象也是元件，制作过程中舞台上会显示运动轨迹线，下面以"文字排列"为例来学习补间动画。

实例4　文字排列

1.新建文件大小为550像素×400像素，背景为白色，其他值默认。

2.选择文字工具，设置颜色为红色"#FF0000"，文字大小为60，在舞台上单击出现文字输入光标，输入"欢"，此时图层1第一帧会自动成为关键帧。

3.在图层1的25帧的位置插入普通帧（也可以按F5添加普通帧），右键单击25帧在弹出的快捷菜单中选择"创建补间动画"，1到25帧之间的时间轴变成蓝色背景，此时把"欢"字从舞台的左侧移动舞台右侧的上方，松开鼠标后可以看到"欢"字的运动轨迹线。如图5-20。

4.重复2、3步分别制作"迎"、"光"、"临"三个字，每一个字放一个图层，如图5-21，动画完成，如图5-22，按下回车键即可测试。

5.最后按要求保存动画为"文字排列.fla"。

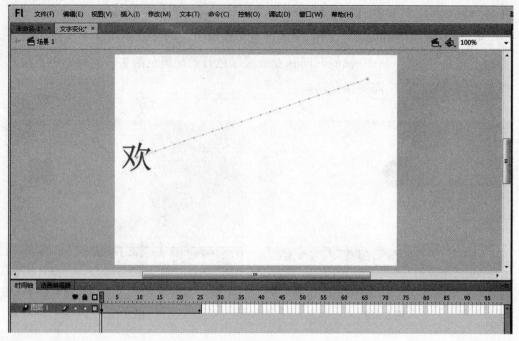

图 5-20

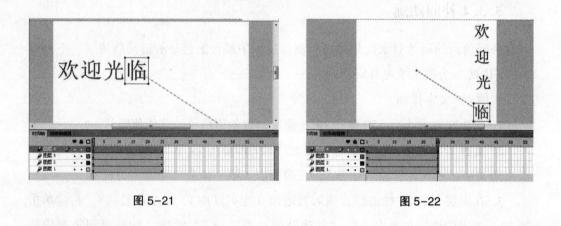

图 5-21                                图 5-22

### 5.3.5 遮罩动画

遮罩动画是透过上层的对象看下层的动画，遮罩动画由两个图层共同完成。上层的图层为遮罩层，下层的图层为被遮罩层。

实例 5　彩色文字

1. 新建文件大小为 550 像素×400 像素（也可以按 Ctrl+N 弹出新建文档对话框来新建电影文件），背景为白色，其他值默认。

2. 选择文字工具，文字颜色可以为默认值，文字大小为 60，在舞台上单击出现文字输入光标，输入"中国山西"，此时图层 1 第一帧会自动成为关键帧。

3. 创建彩色背景。选择"插入"/"新建元件"命令（可以按快捷键 Ctrl+F8）创建一影片剪辑对象，名称为"彩色背景"，确定后进入"元件"编辑状态，选择矩形工具绘制矩形，然后选择"颜色"设置颜色类型为"径向渐变"填充到矩形中。此时在库中也可以看到"彩色背景"影片剪辑元件。如图 5-23。

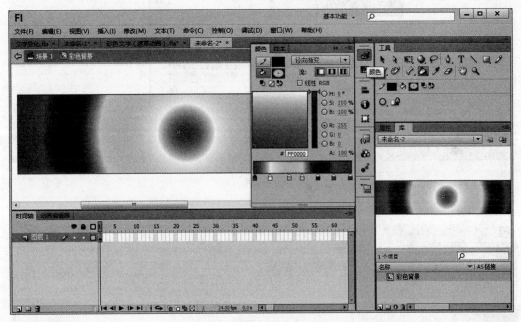

图 5-23

4. 单击"场景 1"回到舞台，新建一个图层 2，图层 2 移动到图层 1 下方，然后从库中把"彩色背景"拖动到舞台，此时图层 1 放文字，图层 2 放彩色背景，如图 5-24。

在图层 1 和 2 的 25 帧都添加普通帧，在图层 2 的 25 帧右击鼠标弹出快捷菜单选择"创建补间动画"，然后把彩色背景从右侧移动到左侧但不要超过文字。如图 5-25。

5. 最后在"图层 1"名称位置单击右键，快捷菜单中选择"遮罩层"，在图层 1 与图层 2 之间建立遮罩关系，如图 5-26。回车测试即可看到动态的彩色文字。

6. 保存电影文件为"彩色文字.fla"。最终完成效果如图 5-27。

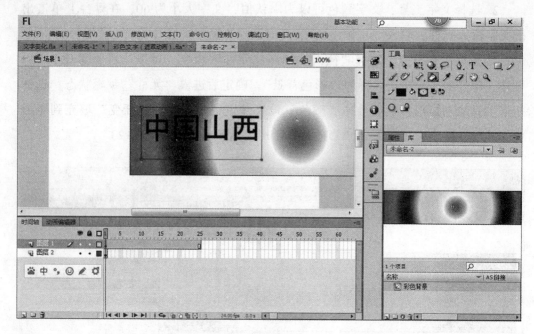

图 5-24

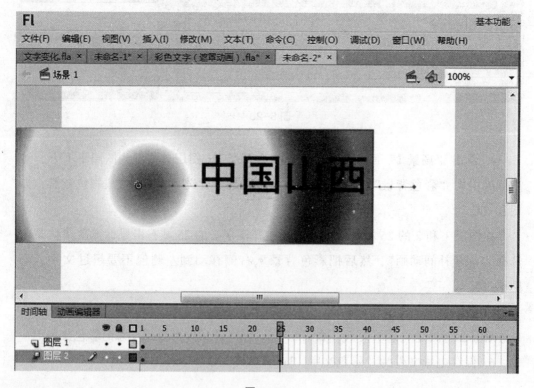

图 5-25

图 5-26

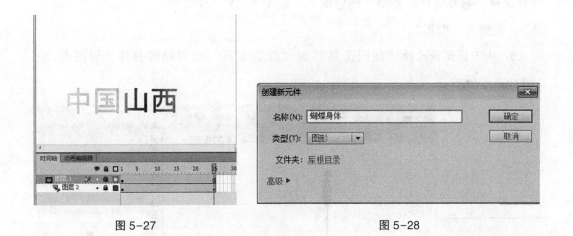

图 5-27　　　　　　　　　　　　　　　　　　　　图 5-28

### 5.3.6 动画中的元件

　　元件是 Flash 中可以多次重复使用的动画对象，该对象可以应用于当前电影文件和其他电影文件中。Flash 动画文件所占的存储空间小，除了因为是矢量之外的另一个原因就是引用了元件，一个元件可以应用在多个电影文件中。通常元件保存在库中，原件在创建后自动存储到库中，应用时只需要将元件从库中拖出到电影的舞台上即可。

Flash cs6 中元件有三种类型：影片剪辑、按钮和图形。

影片剪辑：可以重复使用的动画片段，这个类型的元件与电影文件类似，也有场景、时间轴与帧。

按钮：一般用来制作能触发某种鼠标事件的元件，该类型元件可以直接定义 ActionScript 脚本。

图形：静态图像，它没有时间轴所以它的尺寸小于按钮和影片剪辑。

元件的创建方法有两种：一种是把舞台上的对象转换为元件（具体方法参见实例 1 滚动的小球）；另一种方法是直接进入元件编辑模式进行创建。下面以"飞舞的蝴蝶"为例来学习元件。

实例 6　飞舞的蝴蝶

1. 新建文件大小为 650 像素×400 像素（也可以按 Ctrl+N 弹出新建文档对话框来新建电影文件），背景为白色，其他值默认。

2. 选择"插入"/"新建元件"菜单命令，弹出"创建新元件对话框"，输入元件名称，选择元件的类型，确定即可，如图 5-28。本例中元件名称为"蝴蝶身体"，类型为"图形"。

3. 从工具面板选择"椭圆工具"与"线条工具"绘制蝴蝶身体。如图 5-29（a）、（b）所示。

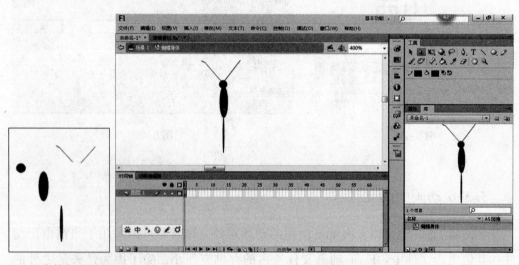

（a）身体部分的分解图　　　　　　　　　　（b）绘制图

图 5-29

4. 同第 2 步方法创建蝴蝶翅膀，然后选择相应的工具绘制半边翅膀即可。如图 5-30。

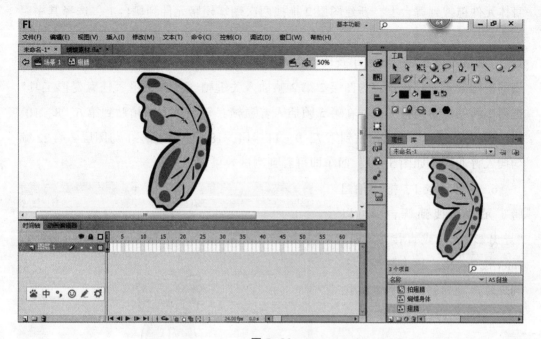

图 5-30

图 5-31

5. 选择"插入"/"新建元件"菜单命令，弹出"创建新元件对话框"，输入元件名称为"拍翅膀"，选择元件的类型为"影片剪辑"，确定即可。然后把蝴蝶身体元件拖拽到舞台上，新建图层 2 拖拽两次蝴蝶翅膀元件到舞台上，选择其中一个翅膀单击"修改"/"变形"/"水平翻转"，选择"任意变形工具"和"选择工具"，调整身体和翅膀的大小及位置合适。在图层 2 中运用逐帧动画来制作挥动翅膀的动画效果，具体步骤为图层 2 第 2 帧插入关键帧，然后使用"任意变形工具"把第 2 帧的翅膀调整变窄，在第 5 帧插入普通帧，复制第 1 帧粘贴到第 6、8、10、13、17 帧，复制第 2 帧粘贴到第 7、9、11、14、18 帧，在图层 1 与图层 2 第 22 帧均插入普通帧。如图 5-31，回车即可看到测试效果。

6. 返回场景 1，把"拍翅膀"元件拖拽到舞台，可以"导出影片"（或直接按 Ctrl+enter 按 swf 格式导出影片）看到蝴蝶挥动翅膀的动画。如图 5-32 为导出为 .swf 格式。

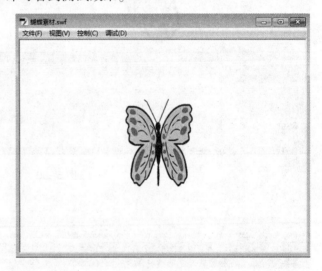

图 5-32

### 5.3.7 引导层动画

引导层动画可以在引导层绘制引导线，让运动的对象按照引导线进行运动，播放动画时引导层的内容不会显示出来。创建引导层动画的顺序为先制作动作补间动画，然后创建引导层，并在引导层上绘制引导线，最后将被引导层上的对象与线段两端对齐。下面以"蝴蝶回家"为例来学习引导层动画。

实例 7　蝴蝶回家

1. 新建文件大小为 650 像素×400 像素（也可以按 Ctrl+N 弹出新建文档对话框来新建电影文件），背景为白色，其他值默认。

2. 选择"文件"/"导入"命令导入图片素材到舞台，此时图片素材会自动添加到库称为库元件，然后使用"任意变形工具"调整素材大小与舞台大小一致，在第一层 50 帧插入普通帧，目的是从第 1 帧到第 50 帧都可以显示素材图片。如图 5-33。

图 5-33

3. 新建图层 2，按照前面讲过的方法制作影片剪辑元件"飞舞的蝴蝶"，然后打开蝴蝶素材从库里把"拍翅膀"元件拖到舞台上。此时图层 2 的第 1 帧会自动成为关键帧。如图 5-34。

图 5-34

4. 调整蝴蝶的大小及方向，然后在图层 2 第 50 帧插入关键帧，移动蝴蝶到房子门口，使用"任意变形工具"调整蝴蝶为最小，在帧任意帧右键单击选择"创建传统补间"。

5. 在图层 2 文字位置单击右键菜单选择"添加传统运动引导层"，如图 5-35，在图层 2 上方出现引导层，如图 5-36 所示。

选择"铅笔"工具，沿着素材中的小路绘制运动引导线轨迹如图 5-37，然后把图层 2 第 1 帧的蝴蝶中心点放到引导线起点位置，如图 5-38，把图层 2 第 50 帧的蝴蝶的中心点与引导线结束点对齐，如图 5-39，这样蝴蝶会自动沿着引导线运动。

图 5-35

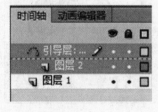

图 5-36      图 5-37      图 5-38      图 5-39

6. 动画完成之后发现蝴蝶飞舞的很不自然，不会自动调整方向，此时需要在属性面板进行相应的调整。为了让蝴蝶飞舞真实自然，可以选中图层 2 的第 1 帧，然后在属性面板勾选"调整到路径"，如图 5-40，蝴蝶飞舞过程中会自动根据引导线调整方向，此时动画就显得自然多了。属性面板还有"缓动"、"旋转"等值，可以根据情况进行调整，缓动值控制运动的速度，负值表示速度越来越快，正值表示速度越来越慢；旋转可以顺时针旋转也可以逆时针旋转。图 5-41 为动画最终完成效果。

图 5-40

图 5-41

### 5.3.8 有声音的动画

如果动画配上声音会有使作品更加生动、形象。在 Flash 中可以有多种方法在影片中添加声音。这些声音既可以独立于时间轴连续播放，也可以同影片保持同步，也可以利用按钮来控制声音，也可以为声音添加淡入淡出等效果，可以导入 Flash 中的声音文件有 *.mp3、*.wav、*.aiff 及 *.asnd 格式。下面通过"门铃"来学习动画中添加声音。

实例 8 门铃

1. 新建文件大小为 650 像素×400 像素（也可以按 Ctrl+N 弹出新建文档对话框来新建电影文件），背景为草绿色（#66FF99），其他值默认。

2. 选择"矩形工具"颜色设置为 #990000 绘制门，"椭圆工具"颜色设置为黑色 #000000 绘制门把手，完成图如图 5-42，此时图层 1 第 1 帧自动变为关键帧，在第 2 帧插入普通帧，在第 3 帧插入关键帧然后绘制门铃响的声音线条并添加文字

"叮咚"，如图5-43。然后用逐帧动画方法制作动画，其中，1、5、9、13、17帧相同，3、7、11、15、19帧相同，如图5-44。

图 5-42

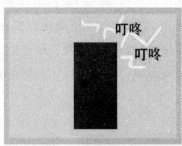

图 5-43

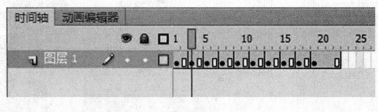

图 5-44

3. 新建图层2，选择"文件"/"导入"/"导入到库"菜单命令将叮咚的铃声文件导入到库中。然后从库面板找到声音文件拖拽到舞台上，此时可以看到图层2出现音波线，声音放到了图层2中，如图5-44。按"回车"键测试影片，或者ctrl+回车键导出影片。声音也可以在属性面板设置很多参数，后面的例子中会进行介绍。

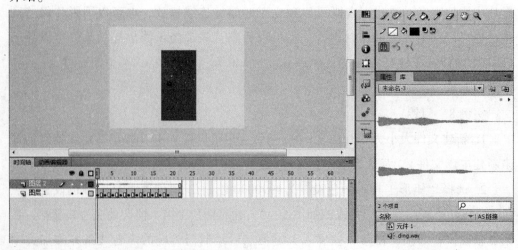

图 5-44

# 5.4 "行为" 的使用

　　行为是已经编写好的 ActionScript 脚本语言，但新建脚本时需设置"脚本"语言为 ActionScript 1.0 或 2.0，ActionScript 3.0 不支持此功能。

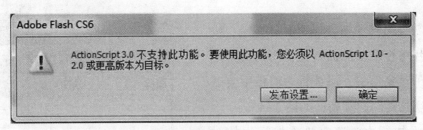

图 5-45

## 5.4.1 "行为"面板

　　"行为"面板的优点在于，用户不需要手动输入大量的代码，只要在该面板中选择需要的命令，在弹出的对话框中设置适当的参数即可。选择"窗口"/"行为"命令（快捷键 Shift+F3）即可显示行为面板，如图 5-46。

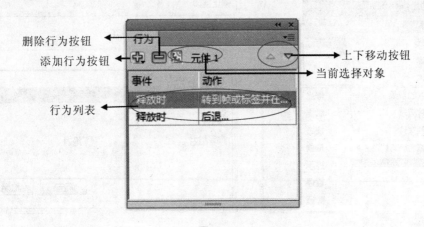

图 5-46

　　◆ 添加行为按钮：单击此按钮可以弹出下拉菜单，在菜单中选择需要的行为。

　　◆ 删除行为按钮：选中要删除的行为，然后单击此按钮即可删除。

◆上下移动按钮：单击按钮可以向上或向下调整添加的行为的顺序。

◆当前选择的对象：在此处可以看到当前添加行为对象的类型，图5-44中行为对象是影片剪辑元件。

◆行为列表：该列表包括事件与动作，事件栏中显示的是触发事件的条件，而动作栏中显示的是事件被触发后要执行的任务。

### 5.4.2 行为的基本操作

1. 添加对象：在Flash中只有帧、按钮和影片剪辑可以添加行为，当前对象不是这三种对象类型，那么行为面板中会显示当前所选的图层和帧，如图5-47。

2. 添加行为：选中要添加行为的对象，如图5-48，在"行为"面板中选择需要的命令然后设置参数即可。在为帧添加行为时，如果当前选择的不是关键帧，则行为自动向左寻找最近的一个关键帧作为行为的添加对象。

图5-47

图5-48

3. 编辑行为：为对象添加行为后，可能会因为一些原因而需要改变当前行为的参数，此时可以选择要编辑行为的对象，然后如果要修改的是触发事件，可以单击"行为"面板中事件的名称，则该事件名称会变为如图 5-49 所示的浮起状态，单击右侧的三角按钮，可以在弹出的菜单中选择需要的事件即可；如果要修改的是动作，只需要单击动作名称，然后点击下拉列表按钮或双击需要修改的动作名称弹出相应的参数设置框，重新设置参数确定即可。注意：为帧对象添加行为时，事件是"无"，如图 5-50，因为只要播放到添加了行为的帧时，该帧中所有的行为都会被执行。

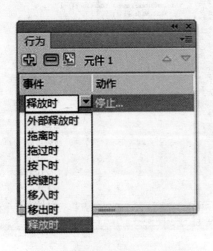

图 5-49

图 5-50

4. 删除行为：当一个对象上的行为不需要时可以将其删除。选择要删除的行为的对象，在"行为"面板中选择需要删除的行为，单击删除按钮即可，或者按键盘上的 Delete 键也可。

5. 查看行为生成的 ActionScript 代码：因为行为是已经编写好的 ActionScript 脚本语言，所以为对象添加行为后，就会有相应的 ActionScript 代码生成，我们可以在"动作"面板中查看到，选择要查看行为生成代码的对象，单击"窗口"/"动作"或按下 F9 键打开"动作"面板，就可以看到由行为生成的 ActionScript 代码，如图 5-51。

### 5.4.3 行为类别

1. Web 类行为：只有一个"转到 Web 页"，利用这个行为可以打开一个 URL 地址或一个电子邮箱地址发送电子邮件，如图 5-52 所示。

网络媒体设计与制作

图 5-51

URL 输入框中可以输入链接的相对或绝对
地址，相对路径如 myweb\test1.html；绝对
路径如 http://www.baidu.com。打开方式可以
选择链接文件打开的位置，有"_self"、
"_blank"、"parent"和"_top"4个选项。

图 5-52

2. 声音类行为：声音行为组中的命令用于控制网页中声音的播放、停止和加载等操作。包括"从库中加载声音"、"停止声音"、"停止所有声音"、"加载 mp3 流文件"及"播放声音"。

（1）选择"从库中加载声音"会弹出对话框，如图 5-53，如果执行该行为载入一个 ID 为 ding.mp3 的声音文件，加载后的实例名称为 dd.mp3，如果加载时不

178

播放该声音则把选框中的勾选取消。

（2）选择"停止声音"会弹出对话框，如图 5-54，要利用该行为停止播放指定的声音 ding. mp3。

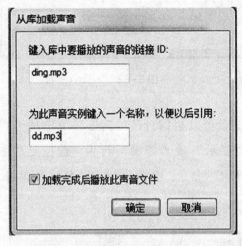

图 5-53

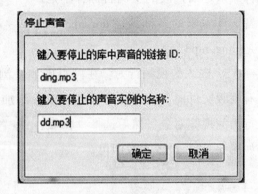

图 5-54

（3）"停止所有声音"可以停止当前播放的所有声音，直到用户再次激活声音文件为止。选择"停止所有声音"命令会弹出如图 5-55 的对话框。

（4）"加载 mp3 流文件"可以载入外部的 mp3 文件，并以流的方式在文件中播放。这个行为一般用于大型的 mp3 文件，因为它们可以保留在影片的外部，从而不影响影片输出的大小，也不需要在播放前加载整个声音。参数对话框如图 5-56。

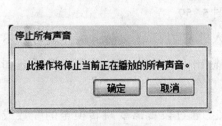

图 5-55

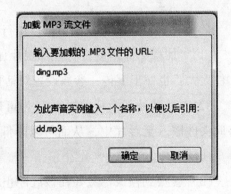

图 5-56

179

（5）"播放声音"可以播放用"从库中加载声音"命令载入的声音文件。参数设置对话框如图5-57，注意：此处输入的声音名称是"从库中加载声音"命令载入的声音文件载入之后修改的实例名称，不是声音文件原来的名称，是 dd. mp3 而不是 ding. mp3。

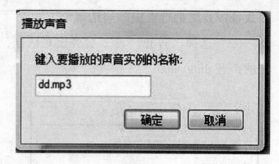

图 5-57

3. 嵌入的视频行为：在网页中如果浏览者可以根据自己的需要来决定是否观看视频文件时，就需要为该视频对象添加"显示"或"隐藏"行为。选择要添加行为的视频对象，然后选择"隐藏"或"显示"命令，会弹出相应的参数对话框，如图5-58，设置参数即可。

图 5-58

4. 影片剪辑类行为：用户可以用行为来限制或重新定义影片剪辑的播放方式。

（1）"加载图像"就是将外部图片加载到需要的影片剪辑中这样可以避免导出文件太大，也便于上传，参数设置对话框如图5-59。

（2）"加载外部影片剪辑"行为可以载入外部的 .swf 文件，这样就可以不用将此文件嵌入至影片中，从而可以降低影片输出时的大小，参数设置对话框如图5-60 所示。

（3）转换到帧或标签并在该处停止/播放：通过设置需要跳转换至的帧数或帧标签，这样在触发了这个行为之后就可以跳转到所设置的位置，该行为还可以设置跳转到相应位置后是继续播放还是停止在该位置。

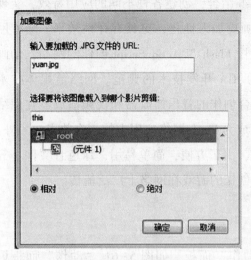

图 5-59　　　　　　　　　　　　　　　　图 5-60

# 5.5 ActionScript 脚本动画简介

脚本动画需要通过 Flash ActionScript 来产生或实现。ActionScript 可以使用"动作"面板来添加代码，也可以通过"行为"面板来实现效果，当然 ActionScript 语言和约定掌握的好的话也可以自己编写属于自己的代码。目前 ActionScript 共有1.0、2.0、3.0 等版本，3.0 与之前的版本差别很大，已经成为像 Java、C++一样的正统程序设计语言了，是用来开发丰富的 Internet 应用程序（RIA）的重要语言。

## 5.5.1 ActionScript 概述

ActionScript 是一种基于 ECMAScript 的编程语言，用来编写 Adobe Flash 电影和应用程序。ActionScript 1.0 最初随 Flash 5 一起发布，这是第一个完全可编程的版本。Flash 6 增加了几个内置函数，允许通过程序更好地控制动画元素。在 Flash 7 中引入了 ActionScript 2.0，这是一种强类型的语言，支持基于类的编程特性，比如继承、接口和严格的数据类型。Flash 8 进一步扩展了 ActionScript 2，添加了新的类库以及用于在运行时控制位图数据和文件上传的 API。Flash Player 中内置的 ActionScript Virtual Machine（AVM1）执行 ActionScript。通过使用新的虚拟机 ActionScript Virtual Machine（AVM2），Flash 9（附带 ActionScript 3）大大提高了性能。

ActionScript3.0 最基本的应用是与 Flash 结合，创建各种不同的应用特效，实现丰富多彩的动画效果，使 Flash 创建的动画更加人性化，更具有弹性效果。随着网络技术的发展的网页制作技术的进步，使用 Flash 与 ActionScript 创作的网站，动画更强，数据交互速度更快，更方便，成为 RIA 开发技术的典范。网络流媒体技术的广泛应用，使得 Flash 与 ActionScript 结合创作的音乐播放器和视频播放器在网络上广泛应用，特别是网络视频网站，已经成为 Flash 网络应用中的一个热点。另外，Flash 游戏也是 Flash 应用的一个重点领域，由于方便，简单易用，绿色且文件小等优势，近两年，使用 Flash 与 ActionScript 创作的游戏在网络上广泛流传。

### 5.5.2 认识"动作"面板

单击"窗口"/"动作"可以打开"动作"面板，如图 5-61，"动作"面板可以分为四个区域，功能菜单、动作工具箱、脚本导航器和脚本窗口。

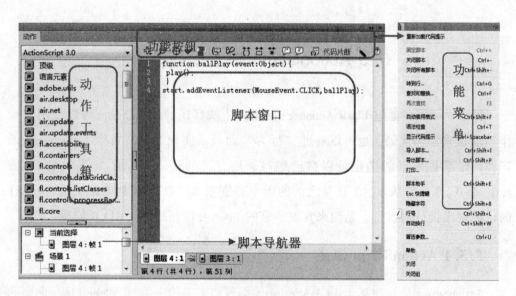

图 5-61

"脚本"窗口：是代码的编辑区域，用来编辑脚本，该编辑器是主要的编写代码的平台。可以在这儿输入要执行的各个命令代码，并可以编辑和调试代码。

动作工具箱：用于浏览 ActionScript 语言元素（函数、类、类型等）的分类列表。可以借助此工具箱添加代码，方法是：用双击某元素、拖动的方法把该元素加到"脚本"窗格中。

脚本导航器：可显示包含脚本的 Flash 元素（影片剪辑、帧和按钮）的分层列表。用户可以通过单击其中的项目，使包含在相应帧中的代码在右侧的"脚本窗口"中显示。使用脚本导航器可在 Flash 文档中的各个脚本之间快速切换。

功能菜单：为编辑代码提供了多个功能按钮，用于插入代码、语法检查、调试等。下面详细介绍各功能按钮。如图 5-62。

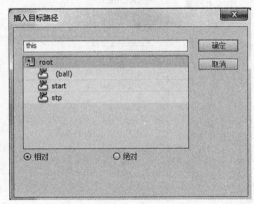

图 5-62

1. 插入代码：可以直接在脚本输入区编辑动作、输入动作参数或删除动作，还可以双击"动作工具箱"中的某一项或单击"脚本窗口"上方的"将新项目添加到脚本中"按钮向"脚本"窗口添加动作。

2. 查找替换：单击  查找按钮，弹出"查找和替换"对话框，如图 5-63，可以在较长的源程序中查找或批量的替换内容。

3. 插入目标路径：在添加语句时可以使用插入目标路径准确地插入对象路径。单击"插入目标路径"按钮，弹出插入目标路径对话框，如图 5-64。

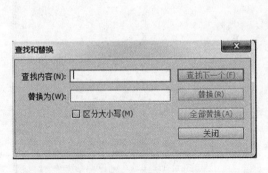

图 5-63

图 5-64

4. 语法检查：在脚本输入区中输入程序代码之后，可以单击语法检查按钮来检查脚本中是否有语法错误，如果有错将会弹出提示对话框说明此脚本中的错误并且在"输出"面板全部列出来，还会说明错误出现的具体位置。如图 5-65。

5. 自动套用格式：此命令可以帮助我们规范代码的格式。在脚本输入区中输入程序代码之后，将光标放在语句中，单击"自动套用格式"按钮，此时代码即会按照规范的格式进行自动缩进等操作。我们也可以自定义源代码书写的各种格式，然后在"编辑"菜单或"动作"面板的功能菜单中选择"首选参数"/"自动套用格式"命令，打开自动套用格式对话框，如图 5-66，勾选相应的复选框即可。注意：当脚本中有错误时必须改正错误之后才能使用"自动套用格式"。

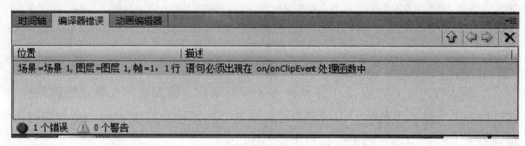

图 5-65

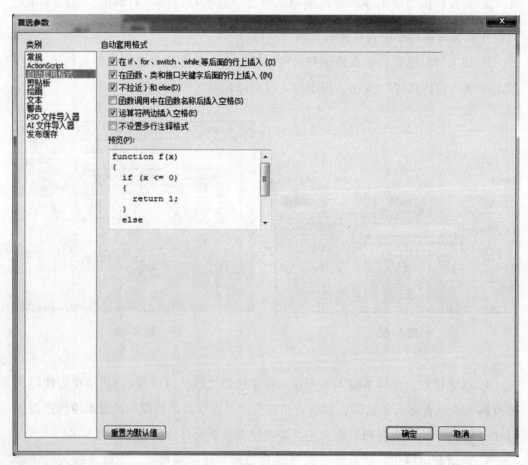

图 5-66

6. 显示代码提示：在编辑动作脚本时，可以检测到正在输入的动作并显示代码提示，包含该动作完整语法的工具提示，或列出可能的方法或属性名称的弹出菜单，当精确地输入命名对象时会出现参数、属性和事件的代码提示。如图 5-67、图 5-68、图 5-69。

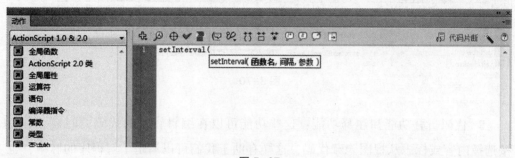

图 5-67

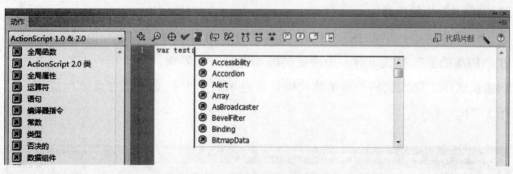

图 5-68

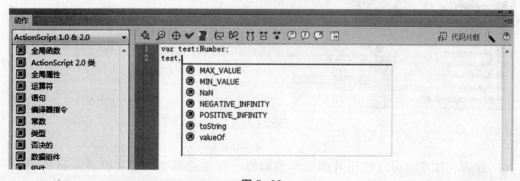

图 5-69

7. 调试选项：当程序较长时，在进行调试时有可能需要在关键的地方设置断点，可以让程序执行到这里就暂停，然后进行下一步的观察和调试。方法为将光标

185

移动到需要设置断点的地方，单击"调试选项"的按钮，选择"切换断点"就可以在此行设置断点标志，如图 5-70，如果想取消断点的标志可以选择"删除所有断点"。

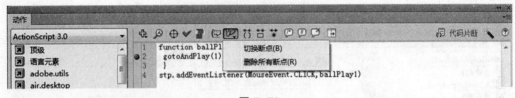

图 5-70

8. 代码折叠功能和注释功能：这些功能可以在编辑较长的代码的时候，可以按选择内容或标志从视图隐藏代码，这样有助于我们可以清楚了解程序的脉络，也可以在代码后加入注释，简单说明代码的功能作用。注释分为"/＊注释内容＊/"块注释，"//注释内容"行注释。

9. 脚本助手：单击 ✎ 可以在"脚本助手"模式和"专家"模式之间切换。在"脚本助手"模式下有一个简便的脚本编写交互界面，此时用户不能直接在代码编辑区手工输入代码，完整的代码是通过填写上方的文本框有系统生成的。如图 5-71。

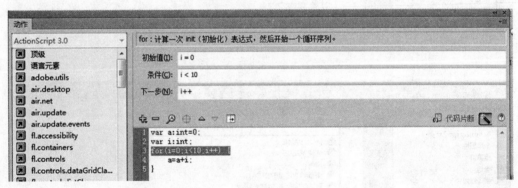

图 5-71

注意：用户也可以使用外部文本编辑器，比如记事本、写字板、Word 等进行脚本编辑，然后在将其导入到 Flash 中，也可以将动作面板的脚本导出。单击右上角的"功能菜单"按钮弹出功能菜单，可以选择"导入脚本"菜单命令，然后会弹出"打开"对话框，选择要导入的带有脚步的＊.as 文件即可；单击右上角的"功能菜单"按钮弹出功能菜单，选择"导出脚本"菜单命令，弹出"另存为"对话框，选择保存位置保存即可。

下面就以"播放与停止"为例来介绍使用"动作面板"来添加简单的代码过程，简单了解脚本动画。

实例 9 动画的播放与停止

1. 制作按钮元件。选择"插入"/"新建元件"菜单命令，弹出"创建新元件对话框"，如图 5-72，输入元件名称为"开始"，选择元件的类型为"按钮"，确定。

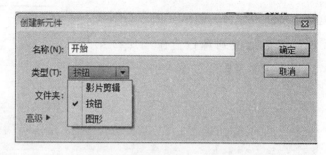

图 5-72

2. 在"弹起"状态选择矩形工具绘制圆角矩形，颜色填充为绿色线性渐变，并添加文字"开始"，在"指针"状态修改填充颜色及文字的颜色，在"按下"状态再修改不同的填充颜色及文字的颜色即可制作动态的按钮元件。如图 5-73。

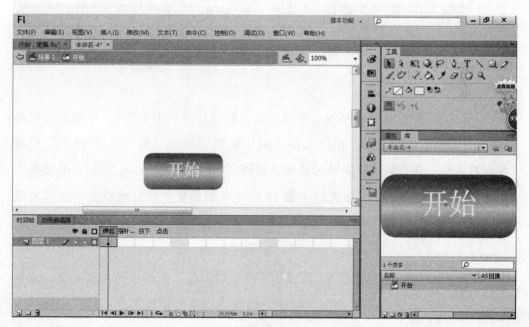

图 5-73

3. 按同第 2 步的方法制作按钮"重新播放"。

4. 回到场景1，在图层1制作小球沿四条边运动的动画。如图5-74。

5. 新建图层2，把"开始"按钮拖拽到舞台，如图5-75，在图层2第2帧插入空白关键帧，把"重新播放"按钮拖拽到舞台，在图层2第26帧插入普通帧，如图5-76。

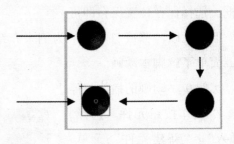

图 5-74

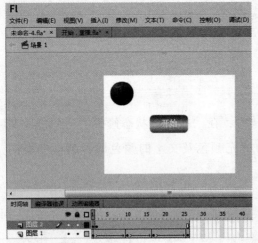

图 5-75

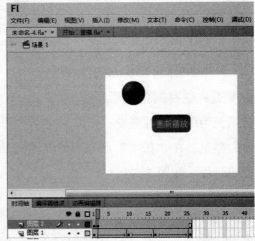

图 5-76

6. 选中图层1，新建图层3（图层3就会新建到图层1上方），准备编写代码控制图层1中小球的运动。选择图层3第一帧然后单击"窗口"/"动作"打开"动作对话框"在右侧代码编辑区域编辑代码"stop（）;"，如图5-77，此时在图层3的第1帧会看到 ，在图层3第26帧插入普通帧，然后也打开"动作对话框"图层3第26帧添加代码"stop（）;"，此时图层3第26帧也会出现 。如图5-78。

7. 选中图层2，新建图层4，准备编写代码给图层2中的按钮添加功能。选择图层4第一帧然后单击"窗口"/"动作"打开"动作对话框"在右侧代码编辑区域编辑代码，具体代码见图5-79，此时在图层4的第1帧会看到 ，在图层4第26帧插入普通帧，然后也打开"动作对话框"图层3第26帧添加代码，此时图层4第26帧也会出现 。

Play()和 stop()方法允许对时间轴上的动画进行播放和停止的基本控制；nextFrame() 和 prevFrame() 方法手动向前或向后沿时间轴移动播放头；调用 gotoAndPlay() 和 gotoAndStop() 方法可以跳到指定为参数的编号或者可以传递一个与帧标签名称匹配的字符串

图 5-77　　　　　　　　　　图 5-78

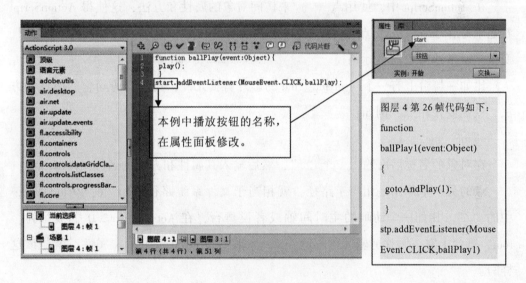

图 5-79

　　function 表示用户自己定义的函数，因此后面的 ballplay 是用户自己定义的函数名，event：Object 表示为事件，指所发生的 ActionScript 能够识别并可响应的事情。{} 中间是为响应事件而执行的动作，本例中指按下"播放"按钮就可以播放小球运动的动画也就是 play（）。接下来的 start. addEventListener（MouseEvent. CLICK，ballPlay）是调用源对象的 addEventListener（）方法，也就是当该事件发生时执行我们用户自己定义的 ballPlay 函数的动作，参数 MouseEvent. CLICK 表示单击鼠标。

## 5.6 ActionScript 基础知识

任何一门编程语言编写代码都必须遵循一定的规则，这个规则就是语法。对于熟悉 C++ 或是 Java 的读者可以跳过这一部分。

### 5.6.1 代码格式及规范

使用编程语言编写代码都需要遵循一定的规则，这个规则就是语法，下介绍 ActionScript 主要的语法规则。

1. 点

在 ActionScript 中，使用点（.）来访问对象的属性和方法，这使得 ActionScript 看起来好像 JavaScript，点用来表示对象的属性和方法，或者用来表示影片剪辑、变量、函数或对象的目标路径。

比如在舞台上有一个叫 mymc_ mc 的影片剪辑元件，我们要访问它的属性和方法，就需要使用点，例如：

mymc_ mc._ x

在对象的名称后面输入一个 "."，然后输入其属性和方法的名称。

点的另一个作用是相当于路径，就相当于文件系统路径，如：c：/windows/…中的 "/"。比如一个动画的主时间轴或者说舞台，在 ActionScript2.0 中被写为_ root，舞台上有一影片剪辑元件 my_ mc，如果要写 my_ mc 的_ x 属性，就应该这样写：

_ root. my_ mc. _ x

有时候我们常看到只写了 my_ mc. _ x，没有_ root，这种情况是因为在主时间轴的帧动作上，程序本来就在_ root 上，就可以省略。如果在舞台上加一个按钮用来设置舞台上 mc 的_ x 属性，用_ root 对象的层次更清楚一些。如果代码是写在 mc 内部，就要加上_ root 或_ parent 了。如在按钮上就要这样写：

```
on（release）{
_ root. my_ mc. _ x = 200；
}
```

又比如做一个 mc 动画，在 mc 的第一帧写上 stop（）；放在舞台上，然后在舞台上放一按钮来控制 mc 播放，那么在按钮上的程序就应该这样写：

on（release）{

_ root. my_ mc. play（）；

}

其实就是前面介绍过的绝对路径和相对路径的区别。

2. 大括号

ActionScript 使用大括号组织脚本元素，将同一功能的一段程序指令放在一起，这些指令是触发同一个事件的。

function ballPlay（event：Object）{

play（）；

}

start. addEventListener（MouseEvent. CLICK，ballPlay）。

3. 分号

ActionScript 的每行语句都以分号 " ; " 结束，例如：

a = " 123 " ；

b = " abc " ；

c = int（a）；

d = int（b）；

e = Number（b）；

trace（" c = " +c+newline+ " d = " +d+newline+ " e = " +e）。

注意：ActionScript 语句同 C++、Java、Pascal 一样允许分多行书写，即允许将一条很长的语句分割成两个或更多代码行，只要在结尾有个分号就行了。一般在语句很长或是很复杂的情况下才使用多行书写，允许语句分行书写的唯一缺点是语句末尾不能忘记加分号，语句分行唯一的限制是字符串不能跨行。

4. 括号

当用户自定义函数时，需要将函数的参数放在括号内，例如：

function ballplay（name，num）{

…

}

当用户调用函数时，也需要使用括号将参数传递给函数，例如：

ballplay（"abc"，"101"）；

括号还可以用来改变运算顺序，例如：

num = 2 * （6+3）；

5. 区分大小写

在 ActionScript 中英语字母的大小写具有不同的意义，关键字、类名、变量名是区分大小写的。我们来看一个例子：打开时间轴第一帧的动作面板，输入：

Name = "Sanbos"；

name = "医生"；

trace（Name）；

测试影片，输出窗口将出现 Sanbos，ActionScript 区分开了 Name 和 **name**。**现在将代码改为：**

Name = "Sanbos"；

Name = "医生"；

trace（name）；

测试影片，输出窗口将出现：undefined，没有输出内容，因为前面的语句中没有 "name"。

6. 注释

ActionScript 中注释用来解释和说明语句的作用，而注释本身是不被执行的。注释有两种，一种是单行注释，一种是多行注释。单行注释是以//开始到本行末尾，如：

trace（"单行注释"）；//这是单行注释

测试影片时从双斜杠开始以后的都不会执行，

另一种注释方式是多行注释，它是以/*开头，以*/结束的，如：

/*这是多行注释

在这个注释范围内的语句

都不会被执行*/

trace（"多行注释"）；

注释内容以灰色显示，不限制长度，我们在写代码时应该养成添加注释的好习惯。

**7. 常量**

ActionScript 3.0 支持 const 语句，该语句可用来创建常量。常量是指具有无法改变的固定值的属性，只能为常量赋值一次，而且必须在最接近常量声明的位置赋值。例如，如果将常量声明为类的成员，则只能在声明过程中或者在类构造函数中为常量赋值。例如，BACKAPACE、ENTER、QUOTE、RETURN、SPACE、TAB 这些常量就是 Key 对象的属性。下面的代码声明两个常量：第一个常量 MINIMUM 是在声明语句中赋值的，第二个常量 MAXIMUM 是在构造函数中赋值的。请注意，此示例仅在标准模式下进行编译，因为严格模式只允许在初始化时对常量进行赋值。

```
class A
{
    public const MINIMUM：int = 0;
    public const MAXIMUM：int;

    public function A（）
    {
        MAXIMUM = 10;
    }
}

var a：A = new A（）;
trace（a.MINIMUM）; // 0
trace（a.MAXIMUM）; // 10
```

**8. 关键字和保留字**

保留字是一些单词，因为这些单词是保留给 ActionScript 使用的，所以不能在代码中将它们用作标识符。保留字包括词汇关键字，编译器将词汇关键字从程序的命名空间中移除。如果您将词汇关键字用作标识符，则编译器会报告一个错误。下表列出了 ActionScript 3.0 词汇关键字：

| as | break | case | catch |
|---|---|---|---|
| class | const | continue | default |
| delete | do | else | extends |
| false | finally | for | function |
| if | implements | import | in |
| instanceof | interface | internal | is |
| native | new | null | package |
| private | protected | public | return |
| super | switch | this | throw |
| to | true | try | typeof |
| use | var | void | while |
| with | | | |

有一小组称为句法关键字的关键字，这些关键字可用作标识符，但是在某些上下文中具有特殊的含义。下表列出了 ActionScript 3.0 句法关键字：

| each | get | set | namespace |
|---|---|---|---|
| include | dynamic | final | native |
| override | static | | |

还有几个有时称为供将来使用的保留字的标识符。这些标识符不是为 Action-Script 3.0 保留的，但是其中的一些可能会被采用 ActionScript 3.0 的软件视为关键字。可以在您的代码中使用其中的许多标识符，但是 Adobe 建议您不要使用这些标识符，因为它们可能在未来版本的语言中作为关键字。

| abstract | boolean | byte | cast |
|---|---|---|---|
| char | debugger | double | enum |
| export | float | goto | intrinsic |
| long | prototype | short | synchronized |
| throws | to | transient | type |
| virtual | volatile | | |

注意：由于 ActionScript 是区分大小写的，例如 If 并不等于 if，假如在代码中使用了 If，在运行和检查时都会产生错误。但是对于变量（Variable）、实例名（Instance Name）和帧标签（Frame Label），ActionScript 是不区分大小写的，尽管如此，大家在书写代码时应保持大小写一致，这是个很好的习惯，也不易出错。

### 5.6.2 ActionScript 的数据类型

数据类型是程序中最基本的概念。数据类型决定了该数据所占用的存储空间、所表示的数据范围和精度以及所能进行的运算。ActionScript 3.0 的数据类型分为两种：

● 基元型数据类型：String、int、Number、Boolean、uint。
● 复杂型数据类型：Object（对象）、Array（数组）、Date 类、RegExp（正则表达式）、XML、XMLList 等。下面介绍几种常用的数据类型。

1. Boolean 数据类型

Boolean 数据类型包含两个值：true 和 false。对于 Boolean 类型的变量，其他任何值都是无效的。已经声明但尚未初始化的布尔变量的默认值是 false。布尔型变量声明的语法为：

Var varName：Boolean；

布尔值常用在程序的条件判断语句中，如果条件为真就执行一段代码，否则执行另一段代码。例如：

var a：Number = 5；

var b：Number = 10；

trace（"a>b is"，a>b）；        //结果为：a>b is false

trace （ "a<b is"，a<b）        //结果为：a<b is true

2. int 数据类型

整型变量用来表示整数值，即正整数、负整数和零，int 数据类型在内部存储为 32 位整数，包含的整数范围介于 -2，147，483，648（$-2^{31}$）~ 2，147，483，647（$2^{31}-1$）之间（两端包含在内）。早期的 ActionScript 版本仅提供 Number 数据类型，该数据类型既可用于整数又可用于浮点数，在 ActionScript 3.0 中，现在可以访问 32 位带符号整数和无符号整数的低位机器类型。如果定义的变量将不会使用浮点数，那么，使用 int 数据类型来代替 Number 数据类型应会更快更高效。对于小于 int 的最小值或大于 int 的最大值的整数值，应使用 Number 数据类型。Number 数据类型可以处理 -9，007，199，254，740，992 ~ 9，007，199，254，740，992（53 位整数值）之间的值。声明整型变量的语法为：

var varName：int；

int 数据类型的变量的默认值是 0。

3. uint 数据类型

uint 数据类型在内部存储为 32 位无符号整数，包含的整数范围介于 0 ~ 4，294，967，295（$2^{32}-1$）之间（包括 0 和 4，294，967，295）。声明无符号整型的语法格式为：

var varName：uint；

uint 数据类型可用于要求非负整数的特殊情形。例如，必须使用 uint 数据类型来表示像素颜色值，因为 int 数据类型有一个内部符号位，该符号位并不适合处理颜色值。例如：

var colorFill：uint = 0000FF；        //定义填充颜色为蓝色

对于大于 uint 的最大值的整数值，应使用 Number 数据类型，该数据类型可以处理 53 位整数值。uint 数据类型的变量的默认值是 0。

4. Number 数据类型

在 ActionScript 3.0 中，Number 数据类型可以表示整数、无符号整数和浮点数，它用 64 位内存空间存储。但是，为了尽可能提高性能，应将 Number 数据类型仅用于浮点数，或者用于 int 和 uint 类型可以存储的、大于 32 位的整数值。要存储浮点数，数字中应包括一个小数点。如果您省略了小数点，数字将存储为整数。

Number 数据类型使用由 IEEE 二进制浮点算术标准（IEEE-754）指定的 64 位双精度格式。此标准规定如何使用 64 个可用位来存储浮点数。其中的 1 位用来指

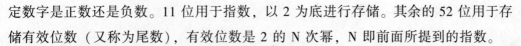

定数字是正数还是负数。11 位用于指数，以 2 为底进行存储。其余的 52 位用于存储有效位数（又称为尾数），有效位数是 2 的 N 次幂，N 即前面所提到的指数。

可以将 Number 数据类型的所有位都用于有效位数，也可以将 Number 数据类型的某些位用于存储指数，后者可存储的浮点数比前者大得多。例如，如果 Number 数据类型使用全部 64 位存储有效位数，则可以存储的最大数字为 $2^{65}-1$。如果使用 11 位存储指数，则 Number 数据类型可以存储的最大有效数字为 $2^{1023}$。声明一个数值型变量的语法为：

var varName：Number；

用户可以使用数字运算符对数值数据进行运算，也可以使用内置的 Math 对象的方法处理数值。

5. Null 数据类型

Null 数据类型仅包含一个值：null，在程序中不能使用 Null 作为数据类型去定义一个变量。这是 String 数据类型和用来定义复杂数据类型的所有类（包括 Object 类）的默认值。其他基元数据类型（如 Boolean、Number、int 和 uint）均不包含 null 值。如果您尝试向 Boolean、Number、int 或 uint 类型的变量赋予 null，则 Flash Player 和 Adobe AIR 会将 null 值转换为相应的默认值。不能将 Null 数据类型用作类型注释。

6. void 数据类型

Void 表示无值型，其数据类型仅包含一个值：undefined。在早期的 ActionScript 版本中，undefined 是 Object 类实例的默认值。在 ActionScript 3.0 中，Object 实例的默认值是 null。如果您尝试将值 undefined 赋予 Object 类的实例，则 Flash Player 或 Adobe AIR 会将该值转换为 null。您只能为无类型变量赋予 undefined 这一值。无类型变量是指缺乏类型注释或者使用星号（∗）作为类型注释的变量，通常声明一个变量的时候如果无法确定其数据类型或为了避免编译时进行类型检查，可以指定变量为 ∗ 类型。

7. String 数据类型

String 数据类型表示一个 16 位字符的序列。字符串是由一系列的字母、数字、空格和标点组成的序列。在 ActionScript 中需要将字符串放在引号中，例如：

var a：String = " student "；

在字符串中是区分大小写的。在字符串中有一些特殊的字符（双引号、单引号或反斜杠等），这就要用到转义字符，就是用两个字符的组合来表示一个特殊的字符。转义字符如表 5-1 所示：

表 5-1

| 转义字符 | 所表示的特殊字符 | 转义字符 | 所表示的特殊字符 |
|---|---|---|---|
| \ b | Backspace 退格键 | \ " | "双引号 |
| \ f | 打印机换页符 | \ ' | '单引号 |
| \ n | 换行符 | \ \ | \ 反斜线符 |
| \ r | Return 回车键 | \ 000 ~ \ 377 | 八进制数，例如 \ 123 |
| \ t | Tab 制表符 | | 表示八进制的 123 |

字符串在内部存储为 Unicode 字符，并使用 UTF-16 格式。字符串是不可改变的值，就像在 Java 编程语言中一样，对字符串值的操作返回字符串的一个新的实例。用字符串数据类型声明的变量的默认值是 null。虽然 null 值与空字符串（" "）均表示没有任何字符，但二者并不相同。

8. Object 数据类型

Object 数据类型是一种复合数据类型，由 Object 类定义的。ActionScript 3.0 中的 Object 数据类型与早期版本中的 Object 数据类型存在以下三方面的区别：第一，Object 数据类型不再是指定给没有类型注释的变量的默认数据类型。第二，Object 数据类型不再包括 undefined 这一值，该值以前是 Object 实例的默认值。第三，在 ActionScript 3.0 中，Object 类实例的默认值是 null。

在早期的 ActionScript 版本中，会自动为没有类型注释的变量赋予 Object 数据类型。ActionScript 3.0 现在包括真正无类型变量这一概念，因此不再为没有类型注释的变量赋予 Object 数据类型。没有类型注释的变量现在被视为无类型变量。如果您希望向代码的读者清楚地表明您是故意将变量保留为无类型，可以使用新的星号（*）表示类型注释，这与省略类型注释等效。下面的示例演示两条等效的语句，两者都声明一个无类型变量 x：

var x

var x：*

只有无类型变量才能保存值 undefined。如果您尝试将值 undefined 赋给具有数据类型的变量，则 Flash Player 或 Adobe AIR 会将值 undefined 转换为该数据类型的默认值。对于 Object 数据类型的实例，默认值是 null，这意味着，如果尝试将 un-defined 赋给 Object 实例，则 Flash Player 或 Adobe AIR 会将值 undefined 转换为

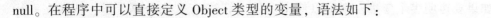

null。在程序中可以直接定义 Object 类型的变量，语法如下：

var objName：Object；

其中 objName 是 Object 类型变量名，Object 类型变量的默认值为 null。

10. MovieClip 影片剪辑

影片剪辑是对象中的一种，它可以被看作是一个对象类型的变量，实例的属性就是此影片剪辑中定义的基本数据类型变量。在程序中可以通过"."运算符来访问一个影片剪辑实例的属性，例如：

myball. x；　　　　　　//实例 myball 的 x 坐标属性，是 Number 型

myball. visible；//实例 myball 的可视属性，是 Boolean 型

11. Data 类

在 ActionScript3.0 中，Data 类是顶级类，用于表示日期和时间信息。其实例表示一个特定的时间点，也可以查询或修改该时间点的属性，例如月、日、小时和秒等。

12. 数组

Array 类在 ActionScript3.0 中是顶级类，直接继承自 Object 类。利用数组的容器功能，可以在其中储存大量的数据。创建数组的方法：一是利用构造函数创建，二是利用中括号赋值来创建。

13. 变量

变量可用来存储程序中使用的值。要声明变量，必须将 var 语句和变量名结合使用。在 ActionScript 2.0 中，只有当您使用类型注释时，才需要使用 var 语句。在 ActionScript 3.0 中，总是需要使用 var 语句。例如，下面是 ActionScript 声明一个名为 i 的变量：

vari；　　　　　　//这样的声明方式在 ActionScript 3.0 中是不推荐使用的。

ActionScript 3.0 中的声明：

var i：String；　　//声明

i = " helloWorld! "；//赋初始值

定义变量的语法格式为：

var varName：DataType；

varName 是自定义的变量名；DataType 是这个变量的数据类型，这样可以告诉系统为这个变量分配多大的内存空间。如果在声明变量时省略了 var 语句，则在严格模式下会出现编译器错误，在标准模式下会出现运行时错误。

如果要声明多个变量，则可以使用逗号运算符（,）来分隔变量，从而在一行代码中声明所有这些变量。例如，下面的代码在一行代码中声明三个变量：

var a：int, b：int, c：int;

也可以在同一行代码中为其中的每个变量赋值。例如，下面的代码声明三个变量（a、b 和 c）并为每个变量赋值：

var a：int = 10, b：int = 20, c：int = 30;

通常情况下，变量名的字符只能包含 26 个英文字母（大小写均可）、数字、美元符号（$）和下划线，而且第一个字符必须为字母、下划线或 $。

注意：变量的作用域范围，变量的范围是指可在其中通过词汇引用来访问变量的代码区域。全局变量是指在代码的所有区域中定义的变量，而局部变量是指仅在代码的某个部分定义的变量。在 ActionScript 3.0 中，始终为变量分配声明它们的函数或类的作用域。全局变量是在任何函数或类定义的外部定义的变量。例如，下面的代码通过在任何函数的外部声明一个名为 strGlobal 的全局变量来创建该变量。从该示例可看出，全局变量在函数定义的内部和外部均可用。

```
var strGlobal：String = " Global " ;
function scopeTest ( )
{
    trace （strGlobal）; // Global
}
scopeTest ( );
trace （strGlobal）; // Global
```

可以通过在函数定义内部声明变量来将它声明为局部变量。可定义局部变量的最小代码区域就是函数定义。在函数内部声明的局部变量仅存在于该函数中。例如，如果在名为 localScope ( ) 的函数中声明一个名为 str2 的变量，该变量在该函数外部将不可用。

```
function localScope ( )
{
    var strLocal：String = " local " ;
}
localScope ( );
trace （strLocal）; // error because strLocal is not defined globally
```

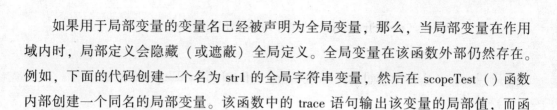

如果用于局部变量的变量名已经被声明为全局变量，那么，当局部变量在作用域内时，局部定义会隐藏（或遮蔽）全局定义。全局变量在该函数外部仍然存在。例如，下面的代码创建一个名为 str1 的全局字符串变量，然后在 scopeTest（）函数内部创建一个同名的局部变量。该函数中的 trace 语句输出该变量的局部值，而函数外部的 trace 语句则输出该变量的全局值。

```
var str1：String = "Global"；
function scopeTest（）
{
    var str1：String = "Local"；
    trace（str1）；// Local
}
scopeTest（）；
trace（str1）；// Global
```

与 C++ 和 Java 中的变量不同的是，ActionScript 变量没有块级作用域。代码块是指左大括号（ { ）与右大括号（ } ）之间的任意一组语句。在某些编程语言（如 C++ 和 Java）中，在代码块内部声明的变量在代码块外部不可用。对于作用域的这一限制称为块级作用域，ActionScript 中不存在这样的限制，如果在某个代码块中声明一个变量，那么，该变量不仅在该代码块中可用，而且还在该代码块所属函数的其他任何部分都可用。例如，下面的函数包含在不同的块作用域中定义的变量。所有的变量均在整个函数中可用。

```
function blockTest（testArray：Array）
{
    var numElements：int = testArray. length；
    if（numElements > 0）
    {
        var elemStr：String = "Element #"；
        for（var i：int = 0；i < numElements；i++）
        {
            var valueStr：String = i + "："+ testArray［i］；
            trace（elemStr + valueStr）；
        }
```

```
        trace（elemStr, valueStr, i）; // all still defined
    }
    trace（elemStr, valueStr, i）; // all defined if numElements > 0
}

blockTest（［" Earth "，" Moon "，" Sun "］）。
```

### 5.6.3 运算符与表达式

1. 运算符

除了关键字，程序语言中最重要的组成部分就是运算符了，使用运算符可以进行相关的运算，使用表达式可以达到想要的效果。下面是运算符的列表。

●算术运算符：+加、−减、++递加、−−递减、×乘、／除、%求模（除法的余数）；

●比较运算符：<小于 、<=小于或等于 、>大于 、>=大于或等于；

●逻辑运算符：&& 逻辑和、｜｜ 逻辑或、！逻辑非；

●运算符：三元运算符，具体语法格式为：（条件表达式）？（表达式1）：（表达式2）

例：

varx : int = 1;

var y : int = 5;

var z : int;

z =（x < 5）? x : y; //如果 x 小于 5，就把 x 的值赋给 z，否则把 y 的值赋给 z

trace（z）;            //返回 1

●位操作运算符：用于二进制位运算，包括位与"&"、位或"｜"、位非"~"、位异或"^"、左移">>"、右移"<<"，共 6 种；

●特殊运算符：括号"（）"，下标"［］"，取 XML 属性"@；

●赋值运算符：=简单赋值、复合算术赋值"+= , −= , * = , /= ,%="和复合位运算赋值"&= , ｜= , ^=>>= , <<="三类，共 11 种；

●逗号运算符：用于把若干表达式组合成一个表达式，运算符为"，"；

●其他运算符：typeof 获得对象类型。

表 5-2 是运算符优先级列表：

表 5-2

| 组 | 运算符 |
|---|---|
| 主要 | [ ]、{x：y}、( )、f (x)、new、x. y、x [y]、<>、</>、@ 、:：、.. |
| 后缀 | x ++、x - - |
| 一元 | ++x、- -x、+、-、~ 、!、delete、typeof、void |
| 乘法 | * 、/ 、% |
| 加法 | +、— |
| 按位移位 | <<、>>、>>> |
| 关系 | <>、<=、>=、as、in、instanceof、is |
| 等于 | = =、! =、= = =、! = |
| 按位"与" | & |
| 按位"异或" | ^ |
| 按位"或" | \| |
| 逻辑"与" | && |
| 逻辑"或" | \|\| |
| 条件 | ?： |
| 赋值 | =、= *、/ =、% =、+ =、- =、<< =、>> =、>>> =、& =、^ =、\| = |
| 逗号 | , |

2. 表达式

• 算术表达式：用加、减、乘、除及求模等算术运算符组成数学表达式。例如：

var a：int = 1;

var b：int = 2;

var c：int = a + b;

• 字符表达式：用字符串组成的表达式。字符串之间用加号运算符 "+" 运算时，相当于连接符，可以把两个字符串连起来。例如：

"I am a " + " student. " 得到的结果是 "I am a student."

• 逻辑表达式：用关系运算符组成的逻辑运算的表达式。例如：

```
var a : int = 1;
var b : int = 2;
```

如果 a>b 则返回值为 false，如果 b>a 则返回值为 true。逻辑运算符通常用于 if 的条件判断语句中，来确定条件是否成立。

```
varx : int = 1;
var y : int = 5;
var z : int ;
if ( x <5 ) {          //如果 x 小于 5，就把 x 的值赋给 z，否则将 y 的值赋给 z
z = x;
} else {
z = y;
}
trace ( z );        //返回 1
```

结果为 1。

### 5.6.4 ActionScript 的函数

函数在程序设计中是很重要的部分，利用函数编程，可以重复利用代码，提高程序效率，有了函数，就可以写出有效的、结构精巧的、维护得很好的代码，而不是冗长的、笨拙的代码。函数是程序中可重用的代码块，在 ActionScript 3.0 中，如果将函数定义为类定义的一部分或者将它附加到对象的实例，则该函数称为方法。ActionScript 3.0 中函数为分两类：方法（Method）和函数闭包（Function closures）。ActionScript3.0 中删除了很多全局函数，例如 stop（）、play（）函数在 ActionScript 2.0 中是一个全局函数，但在 ActionScript 3.0 中则不再有这个全局函数，全局函数 stop（）的功能由 MovieClip 类的 stop（）方法来代替。

ActionScript 3.0 中主要的全局函数如下，这些函数也称为顶级函数，也就是可以在程序的任何位置调用：

◆ Array（… args）：Array：创建一个新数组。

◆ Boolean（expression：Object）：Boolean：将 expression 参数转换为布尔值并返回该值。

◆ Date（）：String：返回当前星期、日期、时间和时区的字符串表示形式。

204

◆ decoeURI（uri：String）：String：将已经编码的 URI 解码为字符串。

◆ decoeURIComponentI（uri：String）：String：将已经编码的 URI 组件解码为字符串。

◆ encodeURI（uri：String）：String：将字符串编码为有效的 URI。

◆ encodeURIComponentI（uri：String）：String：将字符串编码为有效的 URI 组件。

◆ escape（str：String）：String：将参数转换为字符串，以 URL 编码格式对其编码。

◆ int（value：Number）：int：将给出的数字转换成整数值。

◆ isFinite（num：Number）：Boolean：如果该值为有限数，返回 true，如果该值为正无穷大或负无穷大，返回 false。

◆ isNaN（num：Number）：Boolean：如果该值为 NaN（非数字），返回 true。

◆ isXMName（str：String）：Boolean：确定指定字符串对于 XML 元素或属性是否为有效名称。

◆ Number（expression：Object）：Number：将给定值转换为数字值。

◆ Object（value：Object）：Object：在 ActionScript 3.0 中，每个值都是一个对象，这意味着对某个值调用 Object（ ）会返回该值。

◆ parseFloat（str：String）：Number：将字符串转换为浮点数。

◆ parseInt（str：String, radix：uint=0）：Number：将字符串转换为整数。

◆ String（expression：Object）：String：返回指定参数的字符串表示形式。

◆ trace（…arguments）：void：调试显示信息。

◆ uint（value：Number）：uint：将给定的数字转换为无符号整数。

◆ unescape（str：String）：String：将参数 str 作为字符串计算，以 URL 编码格式解码该字符串（将所有十六进制序列转换为 ASCII 字符），并返回该字符串。

◆ XML（expression：Object）：XML：将对象转换成 XML 对象。

◆ XMLList（expression：Object）：XMLList：将对象转换成 XMLList 对象。

上面这些函数我们可以直接调用，当然我们也可以用函数语句来自己定义函数。以 function 关键字开头，后跟函数名、用小括号括起来的逗号分隔参数列表、用大括号括起来的函数体，语法结构为：

function 函数名（参数 1：参数类型，参数 2：参数类型…）：返回类型

{

函数体   //调用函数时要执行的代码

}

注意：关键字 function 要以小写开头；函数名可以用户自己命名，符合命名的规则就可以；小括号内的参数和参数类型都可选；返回类型也是可选的，冒号和返回类型要成对出现；大括号内的内容就是调用函数时要执行的代码。例如：

function test (t1：String)

{

    trace (t1);

}

test ("hello");        //函数调用，然后可以看到"输出"面板输出"hello"

调用函数的最常用形式：函数名（参数）；对于没有参数的函数可以跟一个空的圆括号来调用。例如：

function test ()

{

    trace ("This is a test");

}

test ();

代码运行后输出结果为"This is a test"。

# 5.7 ActionScript 3.0 程序控制

## 5.7.1 条件语句

1. if 语句：如果符号条件就执行 if 后面的语句。

格式：

if（条件表达式）{

条件成立要执行的语句

}

例如：

a=5;

```
b = 2;
if ( a = = b ) {
trace ( " 是的 " ) ;
}
```

这个条件语句的意思是：如果 a 等于 b，那么就输出"是的"。将上面代码写到帧动作面板中，测试影片发现并没有输出面板弹出。因为上面的语句是 a 等于 b 时才执行 trace ( " 是的 " );，事实上现在 a 不等于 b 而是大于 b，那么 trace ( " 是的 " );就不会执行。把代码改成如下：

```
a = 5;
b = 2;
if ( a 〉 b ) {
trace ( " 是的 " ) ;
}
```

测试影片，此时就可以看到输出窗口中显示"是的"。

2. if…else 语句：如果符号条件就执行 if 后面的语句，如果不符合就执行 else 后面的语句。

格式：

```
if ( 条件表达式 ) {
条件成立要执行的语句
} else {
条件不成立要执行的语句
}
```

例：

```
a = 5;
b = 2;
if ( a 〈 = b ) {
trace ( " a 比 b 小或一样大 " ) ;
} else {
trace ( " a 比 b 大 " ) ;
}
```

代码意思为：如果 a 小于等于 b 那么就输出"a 比 b 小或一样大"，否则就输出"a比b大",测试影片我们可以看到显示结果为"a比b大"。

if…else语句是可以嵌套的,想要更多的选择,可以嵌套为:

if(表达式1)

　　语句1;

else if(表达式2)

　　语句2;

else if(表达式3)

　　语句3;

…

else if(表达式n)

　　语句n;

else

　　语句n+1;

例如,按照学生分数给出等级,分数大于等于90为优,分数介于70到90分的为良,分数介于60到70分为及格,分数小于60分为不及格。代码编写如下:

if(s>=90)

trace("优");

else if(90>s>=70)

trace("良");

else if(70>s>=60)

trace("及格");

else

trace("不及格")。

3. switch语句:前面提到有要检测多个条件的情况可以用if…else语句嵌套,其实用switch语句也可以实现这个目的,而且比if…else语句嵌套清晰。格式:

switch(表达式){

case 表达式的值1

　　要执行的语句

　　break;

case 表达式的值2

```
        要执行的语句
        break；
    …
default：
        要执行的语句
    }
```

上面括号中的表达式也可以是一个变量，下面的大括号中可以有多个 case 表达式的值，程序执行时会从第一个 case 开始检查，如果第一个 case 后的值是括号中表达式的值，那么就执行它后面的语句，如果不是括号中表达式的值，那么程序就跳到第二个 case 检查，以此类推直到找到与括号中表达式的值相等的 case 语句为止，并执行该 case 后面的语句。你可能会注意到每一句 case 后面都有一句 breake；，这是为了跳出 switch 语句，即当找到相符的 case 并执行相应的语句后程序跳出 switch 语句，不再往下检测。可能会有这样的情况，所有的 case 语句后的值都与表达式的值不相符，那么这时程序就会执行 default：后的语句，如果你确定不会出现这种情况，那么也可以不要 default：语句。

前面的成绩确定等级的例子可以修改如下：

```
var a：int＝s/10；
switch（a）
{ case10；
    case9；
        trace（"优"）；
case8；
    case7；
        trace（"良"）；
case6；
        trace（"及格"）；
    default；
        trace（"不及格"）；
}
```

### 5.7.2 循环语句

1. for 循环：

格式如下：

for（初值；条件表达式；增值）{

条件成立循环执行的语句

}

首先给变量设定一个初始值，然后将这个初始值带入条件表达式，如果条件表达式为真，则执行大括号中的语句，并且按括号中增值表达式对变量的值进行增减，然后再次带入条件表达式，如果为真则再次执行大括号中的语句……这样直到条件表达式为假为止，结束循环。

例：var a=1；

for（var i=0；<10；i++）{

a=a+ i；

}

trace（a）；

程序开始时 a 等于 0，然后进入 for 循环，循环开始 i 等于 0，条件表达式 i<10 成立，那么执行 a=a+i，此时 a、i 均为 0，那么 a 为 0，然后执行增值 i++，则 i 为 1，再检测条件表达式 i<10 仍成立，执行 a=a+i 则 a 为 1，执行 i++，i 为 2……，这样反复循环，直到 i 为 10 时，条件表达式 i<10 不成立，停止循环。明显可以看出循环进行了 10 次，测试影片时输出为 45。

2. for…in 循环：这是遍历或者叫循环访问一个组对象中的成员。比如影片剪辑的子级、对象的属性、数组等。格式如下：

for（变量名 in 数组名或对象数据类型）

{

//程序段

}

在使用 for…in 时，变量的类型必须为 String，如果声明为 Number 等其他类型将不能正确的输出。举例如下：

var myarray：Array=new Array（5，8，"a"）；

for（var i in myarray）{

```
b = myarray;
trace（b）;
}
```

输出结果为：5，8，a

3. while 循环：有点类似 if 语句，只要条件成立就执行相应语句，直到条件不成立。格式如下：

```
while（条件表达式）{
条件成立要执行的语句
计数语句
}
```

当条件表达式为真时，执行大括号中的语句，执行计数语句，然后用计数语句的结果再次检测条件表达式，如此反复循环，直到条件表达式为假停止循环。这里需要注意的是，如果没有计数语句，或者计数语句的结果永远不能使条件表达式为假，那么循环将永远无休止地反复，这就形成了一个死循环，我们在编程的过程中一定要避免这种情况。

例1：下面的代码是一个死循环，请不要测试，

```
var a = 0;
while（a<10）{
trace（a）;
}
```

程序执行时 a 等于 0，然后进入循环条件表达式 a〈10 成立，执行 trace（a），输出 0，然后再检查条件表达式，因为没有计数语句，a 没发生变化永远是 0，永远满足条件，条件表达式仍成立，于是又输出一个 0，然后又反复一直不停地输出 0，无休无止，程序永远无法停止。

例2：下面的代码也是一个死循环，请不要测试，

```
var a = 0;
while（a<10）{
trace（a）;
a--;
}
```

例2加上了计数语句 a--，但 a 的初始值为 0，每循环一次它减 1，这样条件表

达式 a<10 也是永远为真，因此循环计数语句应该设定有效的语句。

例 3：

```
var a = 0;
while （a<10） {
trace （a）;
a++;
}
```

例 3 中将例 2 的计数语句改为 a++，这样每循环一次 a 加 1，当 10 个循环后 a 为 10，条件表达式 a<10 为假，循环停止。测试本例我们会在输出面板中看到结果为：

0

1

2

…

9

4. do…while 循环：这个循环实际和 while 循环是一样的，只是它先执行一次语句，然后再检测条件语句，而 while 循环是先检测条件语句再执行大括号内的语句。

格式如下：

```
do {
要执行的语句
计数语句
} while （条件表达式）;
```

### 5.7.3 break 和 continue 语句

在 ActionScript 3.0 中可以使用 break 和 continue 语句来控制循环流程。break 语句可以直接跳出循环，不再执行后面的语句；continue 语句是停止当前这一轮循环直接到下一轮循环。分别用 break 和 continue 语句执行下面的代码，看看结果会怎样。

```
for （var i：int = 0；i<5；i++） {
if （i = = 2） {
```

```
break;    //或 continue;
}
trace（"当前数字是："，+i）;
}
```

break 语句结果显示：

当前数字是：0

当前数字是：1

continue 语句结果显示：

当前数字是：0

当前数字是：1

当前数字是：3

当前数字是：4

实例10：猜数游戏

下面我们通过一个练习"猜数游戏"将前面的运算符及条件语句进行综合应用。游戏是由程序产生一个 0-100 的随机数，然后由用户来猜，程序根据用户猜的数与所产生的随机数进行比较，根据比较结果，给用户提示，直到用户猜中为止，并记录用户所猜次数。

在做这个练习之前我们先介绍一个函数：random（）随机函数，这个函数将产生一个由 0 到括号中的数减 1 的整数。如：a＝random（10），那么 a 的值为 0 到 9 之间的一个整数。步骤如下：

（1）新建一 Flash 文件，用文本工具在舞台的上半部居中画一个文本框，在里面输入："请猜一个 0-100 之间的数字"，打开属性面板设置文本框为"静态文本"，设置好文本字体的大小"28"和颜色"#990099"。如图 5-81。

（2）在这个文本框的下面再画一个文本框，打开属性面板设置文本框为"动态文本"，在名称框中输入 c_ txt。动态文框是在运行时可以给文本设置值的文本框。如图 5-81 所示。

（3）在动态文本框的下面再画一个文本框，打开属性面板设置文本框为"输入文本"，将在文本框周围显示边框按钮点下，在名称框中输 s_ txt，输入文本框是在运行时用户可以在其中输入内容的。如图 5-82。

图 5-80

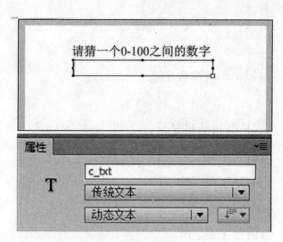

图 5-81

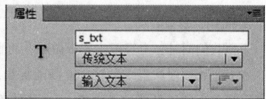

图 5-82

（4）接下来新建两个按钮，一个标签为"确定"，一个标签为"重猜"。按钮的做法请参阅 5.5 ActionScript 脚本动画简介中实例 9 中按钮的制作。将两个按钮放到舞台中最下面，打开属性面板，"确定"按钮命名为"qd_ btn"，"重猜"按钮命名为"cc_ btn"。如图 5-83。

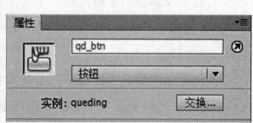

图 5-83

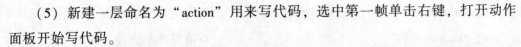
（5）新建一层命名为"action"用来写代码，选中第一帧单击右键，打开动作面板开始写代码。

首先声明一个变量，用来存放 0-100 间的随机数，所以第一行代码为：

var a = random（101）；

然后再声明一个变量用来存放猜的次数，还没开始猜所以给它赋值为 0，第二行代码为：

var cs：Number = 0；

下面使用条件语句来比较用户输入的数的产生的随机数：

```
qd_ btn. onRelease = function（）{        //当点击确定按钮时执行下面的
                                              语句

cs++；                                    //猜的次数增加 1

if（int（s_ txt. text）>a）{              //如果猜的数大于随机数．

c_ txt. text = "大了点"；                 //动态文本框提示"大了点"．

} else if（int（s_ txt. text）= =a）{     //如果猜对了，根据猜的次数给
                                              出相应结果。

if（cs<=5）{                              //如果猜的次数在 5 次以内

c_ txt. text = "哇，你只猜了" + cs + "次就猜对了，真厉害！"；

//给出表扬，注意这里用到了，字符串的连接．

} else {                                  // 如果不只猜 5 次．

c_ txt. text = "猜对了！你猜了"+cs+"次"；    //提示猜对了，并给出猜
                                              的次数．

}

} else if（int（s_ txt. text）<a）{       //如果猜的数字小于随机数

c_ txt. text = "小了点"；                 //提示"小了点"

}

}
```

下面是重猜的代码：

```
cc_ btn. onRelease = function（）{        //当点击重猜按钮时执行以下
                                              语句

a = random（101）；                       //重新产生随机数

cs = 0；                                  //将猜的次数设为 0
```

```
s_ txt. text = " ";                      //清空输入文本框
c_ txt. text = " ";                      //清空提示文本
}
```

## 5.8 综合实例

实例 1    弹跳小球

1. 新建文件大小为 650 像素×400 像素（也可以按 Ctrl+N 弹出新建文档对话框来新建电影文件），其他值默认。

2. 新建图形元件"小球"，回到场景 1，拖动小球到舞台，如图 5-84 完成传统补间动画。注意有五个关键帧，第 1、14、15、16、30 帧。

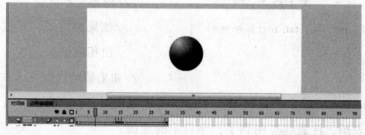

图 5-84

注意：第 15 帧小球落地时与地面接触变形（如图 5-85）可以用"任意变形工具"调整形状，而其他帧时是正常的，第 30 帧弹回原来的位置。

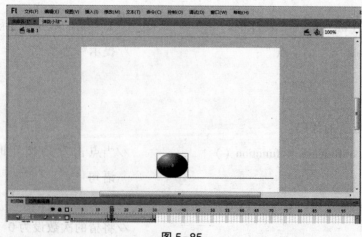

图 5-85

216

小球下落时会越来越快，弹起时会越来越慢，因此可以在 1 到 14 帧属性面板修改缓动值为-100（负值表示越来越快），在 16 到 30 帧的属性面板修改缓动值为 100（正值表示越来越慢），如图 5-86。

图 5-86

3. 新建图层 2，在舞台上绘制直线作为地面，第 30 帧插入普通帧。最终效果如图 5-87。

图 5-87

实例 2　苹果消失

1. 新建文件大小为 650 像素×400 像素（也可以按 Ctrl+N 弹出新建文档对话框来新建电影文件），其他值默认。

2. 选择矩形工具，笔触颜色为无色，填充颜色为淡蓝色#33ccff，在舞台下半部分绘制淡蓝色矩形。如图 5-88。

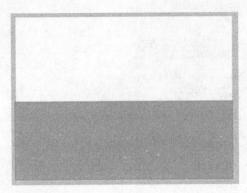

图 5-88

图 5-89

3. 导入图 5-87 中"苹果"素材到库，新建图层 2，把库中"苹果"拖拽到舞台上方中央，如图 5-90（a），在图层 2 第 15 帧插入关键帧，把"苹果"移动蓝色矩形区域中央，如图 5-90（b），在图层 2 第 16 帧插入空白关键帧。具体帧的设置如图 5-91。

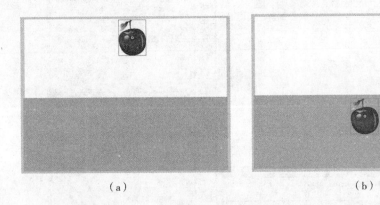

（a）

（b）

图 5-90

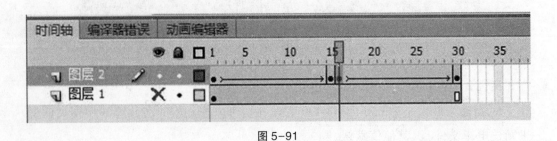

图 5-91

4. 新建图形元件"水波"，选择椭圆工具，设置笔触颜色为白色，值为 0.1，填充颜色为无色，绘制一个 30×10 像素的圆环，回到场景 1，拖动"水波"到舞台图层 2 第 16 帧，在图层 2 第 30 帧插入关键帧，调整圆环大小为 320×150 像素，在 1 到 15 帧与 16 到 30 帧分别设置传统补间动画。

5. 在第 30 帧水波会消失，选中图层 2 第 30 帧，同时选择舞台的水波对象，在属性面板"色彩效果"/"样式"下拉菜单中选择 Alpha，如图 5-92，设置值为 0%，如图 5-93。

 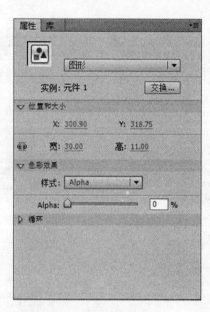

图 5-92　　　　　　　　　　　　　　　　　图 5-93

实例 3　进度条动画

1. 新建文件大小为 650 像素×400 像素（也可以按 Ctrl+N 弹出新建文档对话框来新建电影文件），其他值默认。

2. 选择矩形工具，笔触颜色为无色，填充颜色为淡蓝色#0000ff，在舞台中央绘制淡蓝色矩形。如图 5-94。

3. 新建图层 2，选择"文字"工具，颜色为红色#FF00000，在蓝色矩形下方输入"正在下载，请等待……"，在图层 2 第 30 帧插入帧。

4. 在图层 1 的第 30 帧插入关键帧，选择图层 1 第 1 帧，选中舞台的蓝色矩形，运用变形工具调整矩形变小，如图 5-95，然后选择图层 1 第 2 到第 29 帧之间任意位置单击右键，选择"创建补间形状"。保存文件。最终效果如图 5-95。

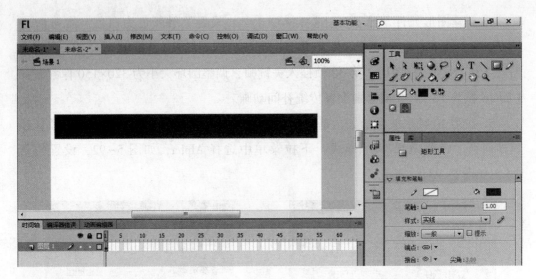

图 5-94

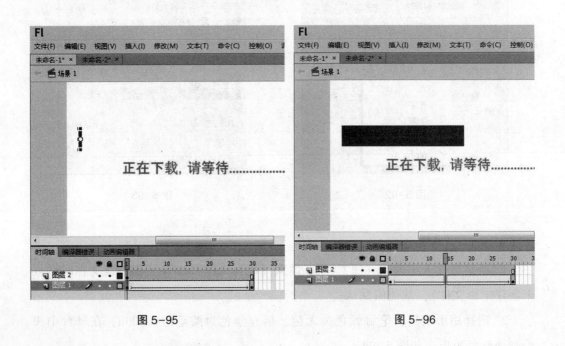

图 5-95                                              图 5-96

实例 4　风中的树叶

1. 新建文件大小为 650 像素×400 像素（也可以按 Ctrl+N 弹出新建文档对话框来新建电影文件），其他值默认。

2. 新建图形元件，绘制树叶，如图 5-97。

3. 回到场景 1，把树叶元件拖拽到舞台右上角，如图 5-98，在图层 1 第 30 帧插入关键帧把树叶移动到左下角。在第 2 帧到第 29 帧的任意位置单击右键，创建传统补间动画。

图 5-97

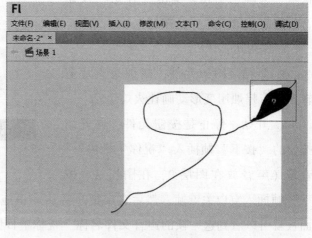

图 5-98

4. 右键单击图层 1 文字，右键菜单选择"添加传统运动引导层"，如图 5-99，选中引导层第一帧，用铅笔绘制曲线，拖动右上角的树叶吸附到引导线一端，拖动左下角的树叶吸附到引导线另一端。勾选补间属性"调整到路径"，保存文件。

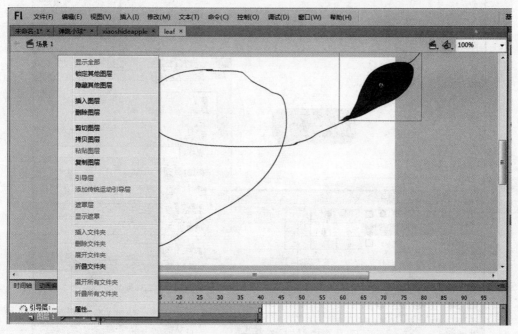

图 5-99

网络媒体设计与制作

实例5　生日贺卡

要求：蜡烛的火焰会动，"祝你生日快乐"会颜色变化，单击"开始"按钮音乐响起，单击"停止按钮"音乐结束。

制作提示：

1. 蛋糕是图形元件，蜡烛是影片剪辑元件，蜡烛用变形动画让火焰运动。

2. 开始、停止是按钮元件，在开始按钮的"按下"帧插入"祝你生日快乐"音乐（声音放在图层2，在图层2"按下"帧插入空白关键帧，然后直接把声音从库里拖拽到此），此时从"声音属性"面板就可以看到这一帧的声音文件名称"祝你生日快乐.mp3"了。如图5-101。

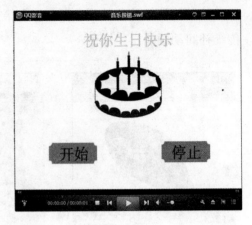

图 5-100

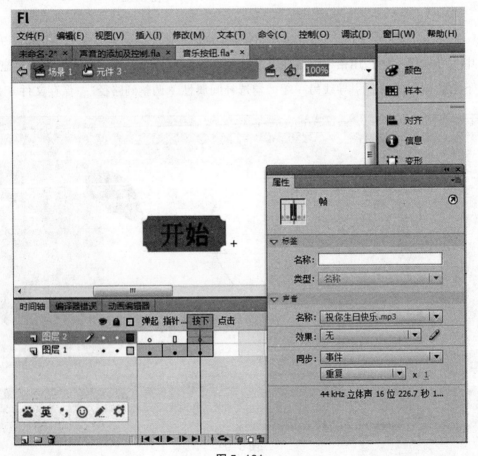

图 5-101

222

在停止按钮的"按下"帧设置"祝你生日快乐"停止。(声音放在图层2，在图层2"按下"帧插入空白关键帧，然后从属性面板选择声音"名称"为"祝你生日快乐.mp3"，设置"同步"为停止)如图5-102。

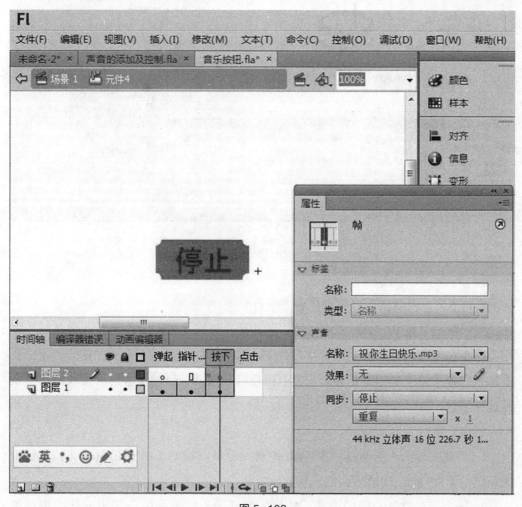

图 5-102

3. 上方的彩色字"祝你生日快乐"是影片剪辑元件，用逐帧动画制作彩色字。

4. 回到场景1，图层1第1帧放蛋糕元件，新建图层2，第1帧拖拽3-5根蜡烛到蛋糕上，新建图层3，第1帧放"开始"与"停止"按钮，新建图层4，第1帧放"祝你生日快乐"彩色字元件。最终效果如图5-103。完成音乐卡片，根据需要保存或导出。

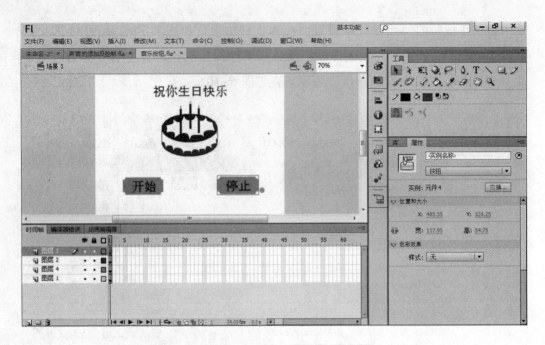

图 5-103

实例6 "山西风光"顶部广告条设计

互联网是与报纸、杂志、电视及广播并列的新媒体，广告作为商业传播的重要门类分布在网站的显要位置，在众多的 Flash 广告中，线性播放是主要的形式，还有部分广告采用了鼠标交互的形式吸引用户打开网页，目前很多网页游戏的广告就是这种形式。

创作思路：

1. 新建文件大小为 960 像素×400 像素（也可以按 Ctrl+N 弹出新建文档对话框来新建电影文件），背景为白色，其他值默认。

2. 每个图层放置不同的图片，然后按照开始与结束的帧位置不同让图像逐渐出现。最终效果图如图 5-104。

224

图 5-104

# 5.9 Flash 动画的导出与发布

Flash 作品完成后，需要导出与发布。导出指的是将当前 Flash 文件导出成 *.swf、*.avi 或 *.gif 等格式的文件，而发布是指将当前 Flash 文件发布成 HTML 文件或某种格式的动画文件。

1. Flash 动画的导出

导出的方法：选择"文件"/"导出影片"菜单命令，并在打开的导出影片对话框中选择导出的存储位置及导出的格式，然后输入文件名保存即可。如图 5-105。

2. 发布 Flash 动画

发布的方法：选择"文件"/"发布"菜单命令（针对保存过的 Flash 文件），电影文件发布之后，可在 Flash 源文件的存放位置生成两个文件，一个是与元文件同名的 HTML 格式的文件；另一个是与源文件同名的 *.swf 格式或其他格式的配套文件，如图 5-106。其中 HTML 格式的文件可由 IE 或其他类型的浏览器直接观看（浏览器必须安装了 Flash 播放器的插件），如图 5-107。

网络媒体设计与制作

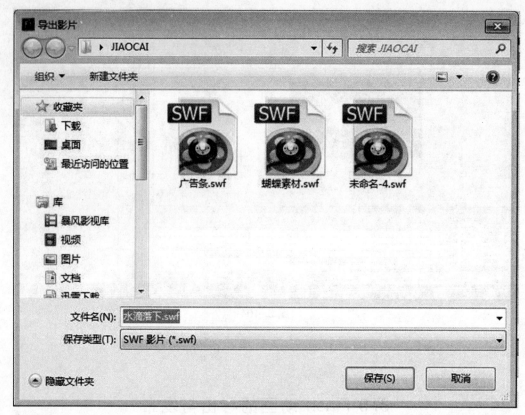

图 5-105

图 5-106

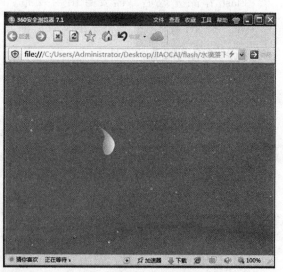

图 5-107

226

除了可以发布成上面说的两种格式之外，Flash 文件还可以发布许多其他格式：
*.jpg、*.png、*.gif、*.exe、*.app，这需要打开"文件"/"发布设置"菜
单命令，弹出"发布设置"对话框来选择，如图 5-108。

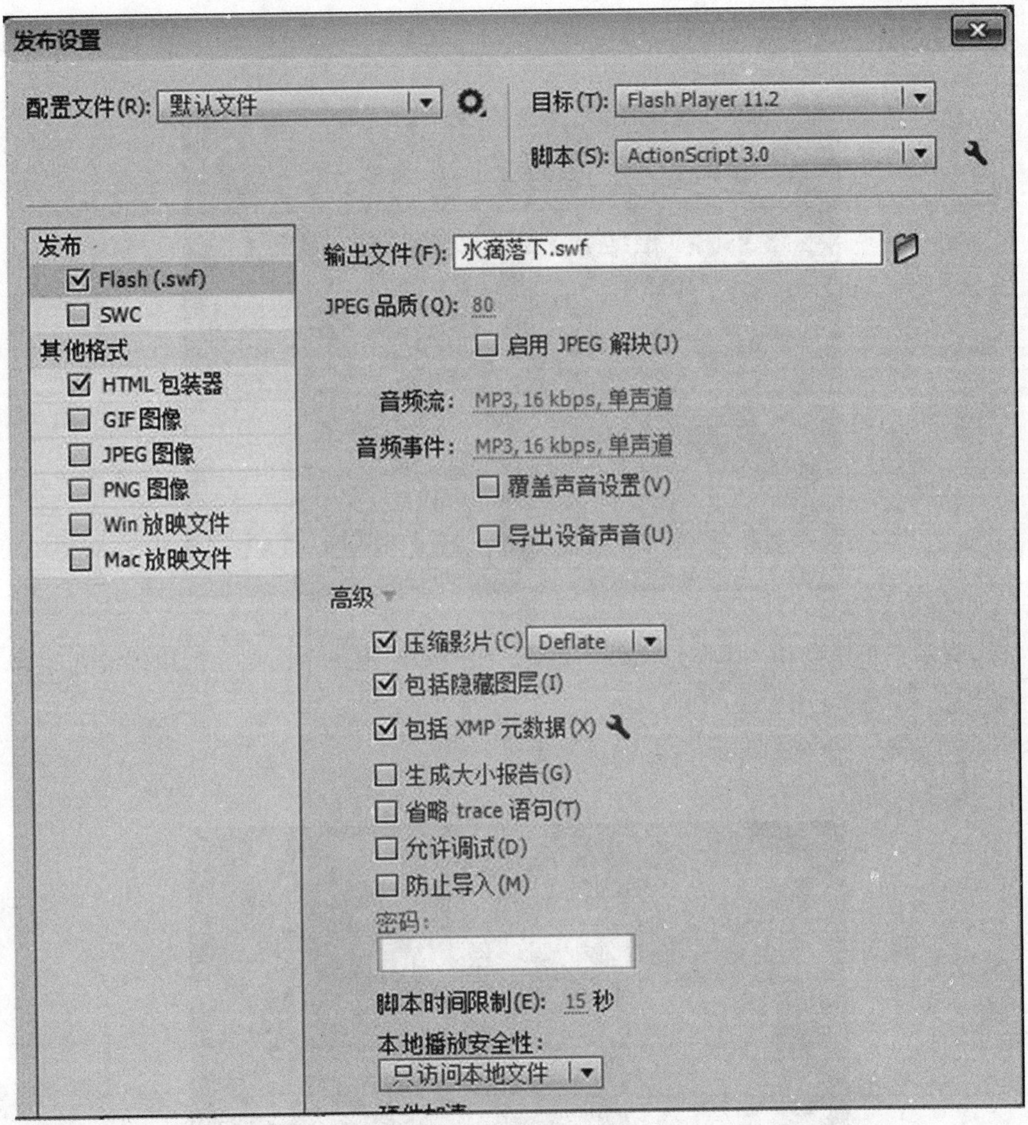

图 5-108

除了可以导出和发布动画之外，Flash 也可以存储为 GIF、JPEG 或 BMP 等图像
文件，但常常会丢失矢量信息，仅以像素信息保存。

网络媒体设计与制作

## 5.10 练习与实践

1. 制作"飞舞的泡泡"

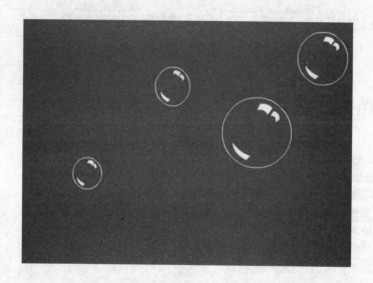

提示：可以制作一个图形元件"泡泡"，一个泡泡一个图层，运用传统补间动画完成。

2. 制作"窗外的雷声"（动画中带有声音）

228

提示：用逐帧动画，一帧窗户亮一帧暗做出闪电的效果，雷声放在另一图层。

3. 利用 ActionScript 脚本语言编写一个倒计时程序。

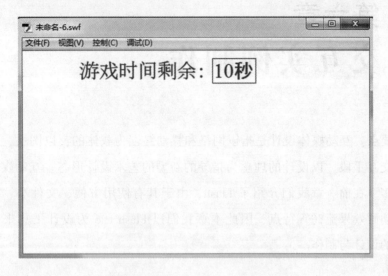

4. 自己收集素材，自己创意来制作一个 Flash 广告条。

# 第六章
# 交互实例制作

**本章要点**：互动媒体设计是指以网络和移动终端为载体的，以图文、动画、视音频频为交互手段，以设计的理念为指导的新型的艺术设计形态。互动媒体的开发工具有很多，在前一章我们介绍了 Flash，由于其有使用方便、文件小、播放器支持率高、动画效果流畅等特点，因此本章我们以 Flash cs6 为设计工具来介绍互动媒体作品的设计与制作。

## 6.1 影片剪辑及按钮的交互

Flash 中许多事件与用户交互有关，比如：鼠标单击、按下键盘、播放动画等，事件发生后，处理事件的函数就叫做事件侦听器 addEventListener（），语法格式为：

事件目标对象 . addEventListener（事件类型，事件名称，事件处理函数名称）

Function 事件处理函数名称（事件对象：事件类型）：void ｛

//事件处理代码

｝

事件目标对象可以是影片剪辑、按钮或其他对象。

实例一　打开百度首页（按钮事件处理）

实现功能：单击百度按钮，打开"百度首页"，实例效果如图 6-1 所示。

图 6-1

设计及制作步骤：

1. 新建 Flash 文档，单击"插入 \ 新建元件"菜单命令（或者按 Ctrl+F8）弹出"创建新元件"对话框，如图 6-2 所示。

图 6-2

2. 将"百度按钮"实例放在图层 1，实例名称为 bd_ btn，如图 6-3 所示。

图 6-3

3. 新建图层 2，用来写代码，如图 6-4 所示。

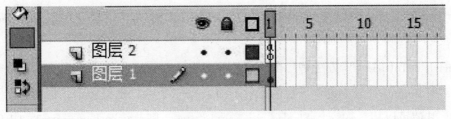

图 6-4

4. 在图层 2 第一帧按 F9 打开"动作"脚本窗口，如图 6-5 所示。

图 6-5

添加代码如下：

import flash. events. MouseEvent；

import flash. net. URLRequest；

bd_ btn. addEventListener（MouseEvent. CLICK，openWeb）；

function openWeb（e：MouseEvent）：void｛

navigateToURL［new URLRequest（"http://www. baidu. com"）］；

｝

4. 按下 ctrl+Enter，单击"百度"按钮测试效果。

说明：

（1）Flash 中，字符串应该包含在英文状态的单引号或双引号内。

（2）Flash 中，用代码控制场景中的按钮、影片剪辑或其他对象，必须给这些实例命名。

（3）在 flash 中导航至外部网页需要 navigateToURL（）方法及一个 URLRequest 对象。

navigateToURL（）方法是一个公共的静态方法，可以接受两个参数，第一个参数是 URLRequest，其中包含导航的目标 URL，第二个参数是打开请求的窗口，是可选的，其值可以是 _ self，_ blank，_ parent，_ top，默认情况下 navigateTo URL（）创建新窗口。

表 6-1　常用的鼠标事件列表

| 事件名称 | 说明 |
| --- | --- |
| MouseEvent. CLICK | 单击鼠标时 |
| MouseEvent. MOUSE_ DOWN | 按下鼠标时 |
| MouseEvent. MOUSE_ UP | 松开鼠标时 |
| MouseEvent. MOUSE_ MOVE | 鼠标移动时 |
| MouseEvent. MOUSE_ OUT | 鼠标移出范围时 |
| MouseEvent. MOUSE_ OVER | 鼠标移入范围时 |
| MouseEvent. MOUSE_ WHEEL | 鼠标滚轮滚动时 |
| MouseEvent. DOUBLE_ CLICK | 双击鼠标时 |

实例二　控制小球的运动（控制影片剪辑的播放）

实现功能：用播放、停止、前进、后退四个按钮控制小球的运动。效果如图 6-6。

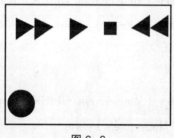

图 6-6

设计及制作步骤：

1. 新建 Flash 文档，单击"插入 \ 新建元件"菜单命令（或者按 ctrl+F8）弹出"创建新元件"对话框，创建影片剪辑元件"滚动的小球"，如图 6-7 所示。

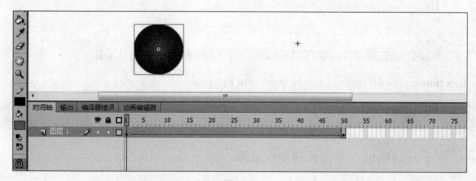

图 6-7

2. 如上所示，创建四个按钮元件"播放"、"停止"、"前进"、"后退"如图6-8（a）、（b）、（c）、（d）所示。

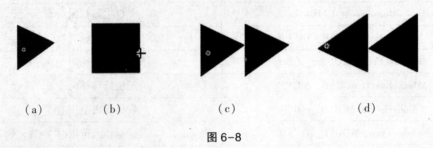

（a）　　　（b）　　　（c）　　　（d）

图6-8

3. 回到场景1，将影片剪辑元件实例及四个按钮实例放到图层1，分别命名为"ball_ mc"和"play_ btn"、"stop_ btn"、"back_ btn"、"next_ btn"在图层1。

4. 新建图层2，在第一帧按F9编写代码如下：

```
ball_ mc. stop ();
play_ btn. addEventListener (MouseEvent. CLICK, playHandle);
function playHandle (e: MouseEvent): void {
    ball_ mc. play ();
}
stop_ btn. addEventListener (MouseEvent. CLICK, stopHandle);
function stopHandle (e: MouseEvent): void {
    ball_ mc. stop ();
}
back_ btn. addEventListener (MouseEvent. CLICK, backHandle);
function backHandle (e: MouseEvent): void {
    ball_ mc. prevFrame ();
}
next_ btn. addEventListener (MouseEvent. CLICK, forwardHandle);
function forwardHandle (e: MouseEvent): void {
    ball_ mc. nextFrame ();
}
```

4. 按下 ctrl+Enter，单击按钮测试效果。

说明：

（1）库中的同一个元件，可以在舞台上创建多个实例，每个实例应该有不同的实例名称。

（2）脚本代码通常放在最上层，影片加载完才能被代码引用。

表 6-2 时间轴控制函数

| 名称 | 参数及功能 |
| --- | --- |
| gotoAndPlay（frame，scene） | 跳转到某个场景的某帧，未指定场景为当前场景 |
| play（） | 播放 |
| stop（） | 停止 |
| gotoAndStop（frame，scene） | 转到某个场景的某帧停止 |
| nextFrame（） | 到下一帧然后停止 |
| prevFrame（） | 到上一帧然后停止 |
| nextScene（） | 跳到下一场的第一帧 |
| prevScene（） | 跳到上一场的第一帧 |

实例三　夜空中的烟花（影片剪辑属性设置）

实现功能：鼠标单击舞台生成大小随机、透明度随机的烟花。效果如图 6-9 所示。

图 6-9

网络媒体设计 与制作

设计及制作步骤：

1. 新建 Flash 文档，单击"插入 \ 新建元件"菜单命令（或者按 ctrl+F8）弹出"创建新元件"对话框，创建影片剪辑元件"烟花"，如图 6-10（a）、（b）所示。

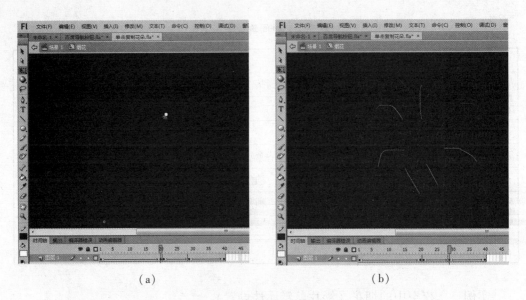

（a）　　　　　　　　　　　（b）

图 6-10

2. 在库中名称下选中影片剪辑元件"烟花"单击右键，右键菜单选择"属性"，弹出"元件属性"对话框，打开"高级"，勾选"为 ActionScript"导出，下面类中命名"Flower"，如图 6-11 所示。

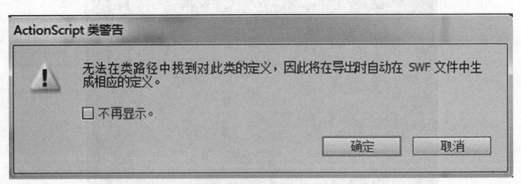

图 6-11

3. 单击"确定"弹出 ActionScript 类别警告框，如图 6-12 所示，单击"确定"即可。

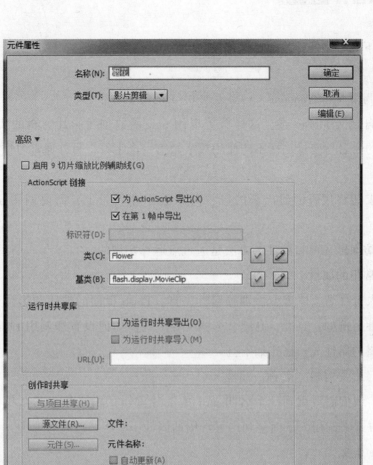

图 6-12

4. 回到场景 1，在图层 1 第一帧添加代码如下：

import flash. events. MouseEvent；

stage. addEventListener（MouseEvent. CLICK，fzflower）；

function fzflower（e：MouseEvent）{

var flowerCopy_ mc：Flower = new Flower（）；

flowerCopy_ mc. x = this. mouseX；

flowerCopy_ mc. y = this. mouseY；

flowerCopy_ mc. scaleX = flowerCopy_ mc. scaleY = 0. 5 + Math. random（） * 0. 5；

flowerCopy_ mc. alpha = 0. 5 + Math. random（） * 0. 5；

this. addChild（flowerCopy_ mc）；

}

5. 按下 ctrl+Enter，单击鼠标测试效果。

说明：

（1）调用 Math. random（）将返回 0~1 的随机数字。

（2）自定义 Flower 类，这样就可以用 new 函数创建影片剪辑的实体对象了，类别名称的命名与变量一样不能使用数字做第一个字符，另外通常习惯第一个字母大写。

（3）要想将代码创建出来的可视对象显示在场景上，需要调用 addChild（）方法。

（4）访问影片剪辑属性的方法是通过点运算实现的。

（5）常用的属性。

就像人有身高、体重、性别等属性一样，Flash 里面的按钮和影片剪辑也有非常多的属性。例如：宽度、高度、透明度等。我们如何设置和调用 Flash 里面按钮和影片剪辑的属性呢？格式如下：

按钮（影片剪辑）名称. 属性

例如，我们需要用到一个名叫 mc1 的影片剪辑的横坐标，那么我们就可以用 mc1. x 的方式来调用。下面是列出了常用的属性：

• x，y 坐标

关于坐标的说明：向右为 x 轴正向，向下为 y 轴正向。如果元件在舞台上，那么以舞台左上角为坐标原点。如果在某影片剪辑内部，那么以此影片剪辑的注册中心为坐标原点。

• xscale，yscale 宽高比

当 xscale，yscale 的值等于 100 时，那么元件的形状就不会改变。如果不等于 100，元件的宽和高将会按比例缩放。例如，一个影片剪辑的宽等于 50，那么当将此影片剪辑的 xscale 值设置为 150 后，此影片剪辑的宽将为 75。

• rotation 旋转角度

单位：度

rotation 属性用来设置元件的旋转角度。当他为正值时，元件顺时针旋转。为负时，元件向逆时针旋转。例如，将一个元件的 rotation 值设置为 -90，那么这个元件将被逆时针旋转 90 度。

• alpha 透明度

范围：[0, 100]

当 alpha 值为 100 时，将完全不透明。为 0 时，完全透明。

- width，height 宽和高
- numChildren 影片剪辑中子对象个数
- currentFrame 获取目前所在帧
- totalFrames 全部的帧数
- this 当前对象或实例
- parent 父级容器或对象
- visible 是否可见
- mouseX 返回鼠标位置的 X 坐标
- mouseY 返回鼠标位置的 Y 坐标

# 6.2 场景的转换及对象深度管理

一个 Flash 文件中可以包含多个场景，默认情况下动画会按照场景顺序依次播放，如果希望实现场景的非线性播放，我们可以利用 gotoAndPlay（）方法可以实现场景的跳转。

实例一　小球在哪里（场景的转换）

实现功能：三个场景之间的转换。

场景 1：主菜单

1. 在图层 1 添加按钮实例 hill_ btn 和按钮实例 desert_ btn，如图 6-13。

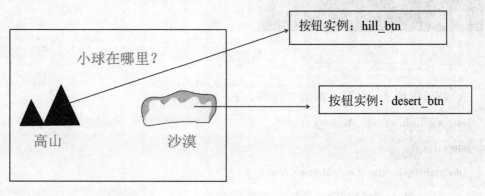

图 6-13

2. 新建图层 2，在第一帧添加代码如下。

import flash. events. MouseEvent；

stop（）；

hill_ btn. addEventListener（MouseEvent. CLICK，hillHandle）

function hillHandle（e：MouseEvent）{

gotoAndPlay（1，"高山"）；

}

desert_ btn. addEventListener（MouseEvent. CLICK，desertHandle）

function desertHandle（e：MouseEvent）{

gotoAndPlay（1，"沙漠"）；

}

场景 2：高山

1. 在图层 1 绘制高山背景。

2. 新建图层 2 添加返回主菜单按钮实例 back1_ btn 和滚动的小球影片剪辑实例，如图 6-14。

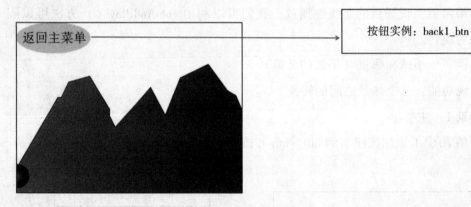

图 6-14

3. 新建图层 3，在第一帧添加代码如下：

import flash. events. MouseEvent；

stop（）；

function fhHandle（e：MouseEvent）{

        this. gotoAndPlay（1，"主菜单"）；

}

back1_ btn. addEventListener（MouseEvent. CLICK，fhHandle）；

场景 3：沙漠

1. 在图层 1 绘制沙漠背景。

2. 新建图层 2 添加返回主菜单按钮实例 back2_ btn 和滚动的小球影片剪辑实例，如图 6-15。

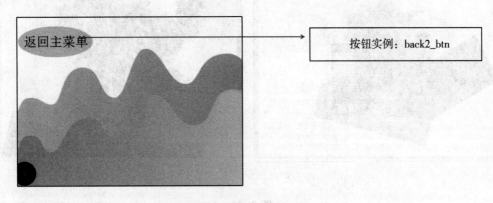

图 6-15

3. 新建图层 3，在第一帧添加代码如下：

import flash. events. MouseEvent；

stop（）；

function fhHandle2（e：MouseEvent）{

this. gotoAndPlay（1，" 主菜单 "）；

}

back2_ btn. addEventListener（MouseEvent. CLICK，fhHandle2）；

最后，按下 ctrl+Enter 测试效果。

实例二　变换的图像（对象深度管理）

深度就是元件在场景上摆放的顺序。放在最底层的对象深度为 0，对象深度值越大越在上层，深度值高的会盖住深度值低的对象元件。

实现功能：单击图片时，图片放大且提升为最上层，如图 6-16（1）、（2）所示。

设计及制作步骤：

1. 新建 Flash 文档，单击"插入 \ 新建元件"菜单命令（或者按 ctrl+F8）弹出"创建新元件"对话框，分别创建四个图片影片剪辑元件，每个影片剪辑放一张图片。

2. 在图层1添加四个影片剪辑实例，分别命名为 p1_ mc、p2_ mc、p3_ mc、p4_ mc。

（1）

（2）

图 6-16

3. 新建图层2，在第一帧添加代码如下：

```
import flash. events. MouseEvent；

import flash. display. MovieClip；

for（var i=1；i<=this. numChildren；i++）{

    this. getChildByName（" p "+i+" _ mc "）. addEventListener（Mou-
seEvent. MOUSE_ DOWN，downHandle）；

    this. getChildByName（" p "+i+" _ mc "）. addEventListener（Mou-
seEvent. MOUSE_ UP，upHandle）；

    this. getChildByName（" p "+i+" _ mc "）. addEventListener（Mou-
seEvent. MOUSE_ OUT，outHandle）；

    }

function downHandle（e：MouseEvent）{

    var target_ mc：MovieClip=e. target as MovieClip；//获得当前鼠标选中按下
的照片对象

    this. setChildIndex（target_ mc，this. numChildren-1）；//将被按下的照片
对象的深度值设为最高
```

target_ mc. scaleX = target_ mc. scaleY = 1. 2；//照片放大 1. 2 倍

}

function upHandle（e：MouseEvent）：void {

（e. target as MovieClip）. scaleX =（e. target as MovieClip）. scaleY = 0. 5；//恢复照片原大小 1/2

}

function outHandle（e：MouseEvent）{

　　var target_ mc：MovieClip = e. target as MovieClip；

　　target_ mc. alpha = 0. 5；//透明度为 0. 5

}

4. 按下 ctrl+Enter 测试效果。

说明：

1）通过 this. numChildren 返回场景中或影片剪辑中对象的个数。

2）用 getChildByName（）获取指定名称的元件。

3）for 循环参数是用分号隔开的，不是逗号。

表 6-3　常用深度管理方法

| 方法 | 说明 |
| --- | --- |
| addChildAt（） | 将一个显示对象实例添加到指定深度值位置上 |
| setChildIndex（） | 更改指定显示对象实例的深度值 |
| getChildAt（） | 返回位于指定深度值位置处的显示对象实例 |
| getChildIndex（） | 返回指定显示对象实例的深度值 |
| removeChildAt（） | 删除指定深度上的显示对象实例 |
| swapChildren（） | 交换两个显示对象实例的深度值 |
| swapChildrenAt（） | 通过指定深度值交换两个显示对象实例 |

实例三　动态复制与删除对象

实现功能：通过编写脚本代码自动复制或删除图形。效果如图 6-17（a）、（b）所示。

设计及制作步骤：

1. 新建 Flash 文档，单击 "插入 \ 新建元件" 菜单命令（或者按 ctrl+F8）弹出 "创建新元件" 对话框，创建一个影片剪辑元件 "元件 1"，在这个影片剪辑元件"元件1"中绘制6个彩色圆图案，如图6-18。

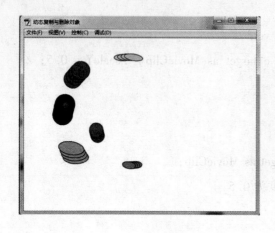 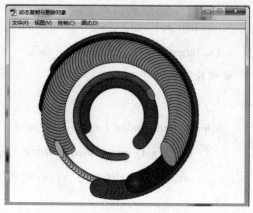

（a）　　　　　　　　　　　　　　　（b）

图 6-17

2. 在库中名称下选中影片剪辑元件"元件1"单击右键，右键菜单选择"属性"，弹出"元件属性"对话框，打开"高级"，勾选"为 ActionScript"导出，下面类中命名"Yuan"，如图 6-19 所示。

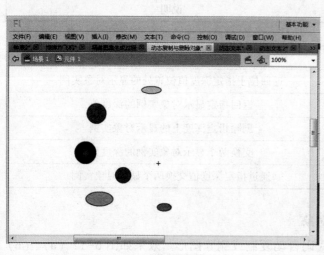 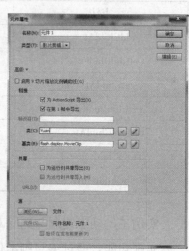

图 6-18　　　　　　　　　　　　　　　图 6-19

3. 回到场景1，在图层1第一帧按F9添加代码如下：

```
import flash. text. engine. TabAlignment;
```

```
import flash. events. Event;
var i: int = 0; //统计图案个数
stage. addEventListener (Event. ENTER_ FRAME, copyyuan);
function copyyuan (e: Event): void {
varyuan_ mc: Yuan = new Yuan ();
yuan_ mc. x = 250;
yuan_ mc. y = 200;
yuan_ mc. rotation = 3 * i;
this. addChild (yuan_ mc);
i++;
if (i> = 120) {
stage. removeEventListener (Event. ENTER_ FRAME, copyyuan);
//移去事件侦听器 (复制图案)
stage. addEventListener (Event. ENTER_ FRAME, removeyuan);
//添加事件侦听器 (删除图案)
  }
} //复制图案
function removeyuan (e: Event): void {
if (this. numChildren>0) {
    this. removeChildAt (this. numChildren-1);
//删除指定深度的显示实例对象
i--;
} else {
stage. removeEventListener (Event. ENTER_ FRAME, removeyuan);
//移去事件侦听器 (删除图案)
stage. addEventListener (Event. ENTER_ FRAME, copyyuan);
//添加事件侦听器 (复制图案)
}
} //删除
```

5. 按下 ctrl+Enter，单击鼠标测试效果。

说明：

ENTER_FRAME 是帧触发事件，Flash 每运行一帧就会触发一次事件。

## 6.3 鼠标跟随效果及日期、时间的设置

鼠标跟随效果设置中用到的函数，startDrag 鼠标拖动影片剪辑函数；stopDrag 停止鼠标拖动影片剪辑函数；Mouse.hide（）隐藏默认鼠标指针的函数。

实例一　小鸡啄虫（鼠标跟随效果设置）

实现功能：鼠标拖动大青虫，小鸡追大青虫。效果如图 6-20。

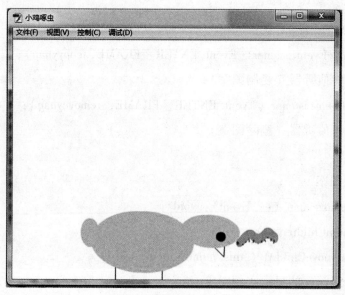

图 6-20

设计及制作步骤：

1. 新建 Flash 文档，单击"插入 \ 新建元件"菜单命令（或者按 ctrl+F8）弹出"创建新元件"对话框，创建图形元件"小鸡身体"，同样创建图形元件"头"，如图 6-21。

2. 然后创建影片剪辑元件"小鸡"，按照相同步骤创建影片剪辑元件"大青虫"；如图 6-22（1）、（2）所示。

3. 回到场景 1，在图层 1 添加小鸡和大青虫影片剪辑实例，分别命名为 chick_mc 和 worm_mc。

246

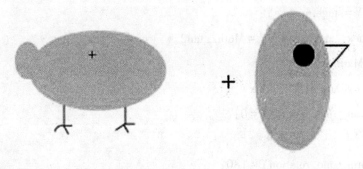

图 6-21

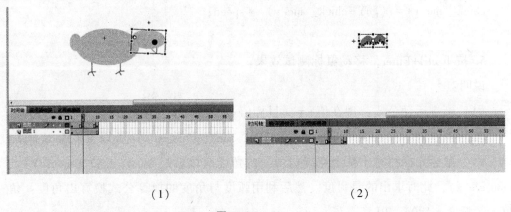

（1）　　　　　　　　　　　　（2）

图 6-22

4. 新建图层 2，在第一帧按 F9 添加代码如下：

```
import flash. events. Event;

stop （）；

Mouse. hide （）；//隐藏鼠标

worm_ mc. startDrag （true）；//fish_ mc 影片剪辑可以被拖动

var speed：Number＝0. 05；//每次迫近的渐进系数

var goX：Number；//目标位置 X 坐标

var goY：Number；////目标位置 Y 坐标

stage. addEventListener （Event. ENTER_ FRAME，eatHandle）；
//下面的函数实现猫不断迫近目标的功能
function eatHandle （e：Event）：void {
    goX＝stage. mouseX；
```

```
        goY = stage. mouseY;
        chick_ mc. rotationY = Math. atan2 （（goY-chick_ mc. y），（goX-chick_
mc. x）） /Math. PI * 180;
        if （goX>chick_ mc. x） {
        worm_ mc. rotationY = 0;
    } else {
        worm_ mc. rotationY = 180;
    }
chick_ mc. x+ = （goX-chick_ mc. x） * speed;
chick_ mc. y+ = （goY-chick_ mc. y） * speed;
    }
```

5. 按下 ctrl+Enter，移动鼠标测试效果。

说明：

（1）渐进运动公式：现在值+=（目标值-现在值）*渐进系数。

（2）点（x，y）相对于原点的角度 a，tan（a）= y/x，所以 a = Math. atan2
（y，x），鼠标光标相对于某个点（x，y）的角度应该就是 Math. atan2（mouseY-y，
mouseX-x），此时求出的是弧度。然后利用弧度与角度的换算公式换算出角度：角
度 =（弧度 * 180）/PI。

（3）利用 startDrage（）方法，任意时刻只有一个对象可以变成可拖动的，如
果当前可拖动对象想改变，则需要用 stopDrag（）来停止，或者直接调用第二个拖
动对象，则第一个拖动对象也可以自动停止。

实例二　电子钟表

实现功能：制作电子钟表，时针、
分针、秒针自动旋转。效果如图 6-23。

设计及制作步骤：

1. 新建 Flash 文档，单击"插
入 \ 新建元件"菜单命令（或者按
ctrl+F8）弹出"创建新元件"对话框，
创建影片剪辑元件"指针"，注意指针
的底部与影片剪辑中心点对齐，这样将

图 6-23

来指针才能以 A 点为轴旋转，如图 6-24（a）、（b）所示。

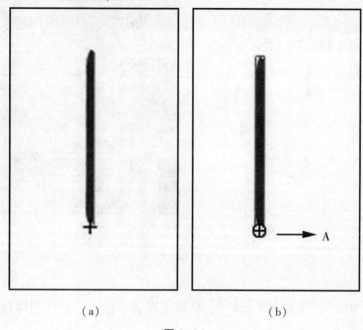

（a）                              （b）

图 6-24

2. 回到场景 1，在图层 1 绘制表盘，如图 6-25 所示。

3. 新建图层 2，改名为"时针"，从库里拖动"指针"元件到舞台成为时针实例，使用任意变形工具调整实例中心点到底部，如图 6-26，命名为"ho_ mc"，选中"ho_ mc"实例，在属性面板修改色彩效果中的样式"色调"，如图 6-27（a）、（b）所示。

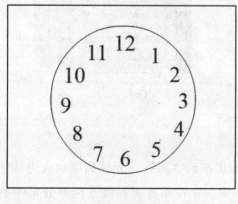

图 6-25

图 6-26

（a）                                （b）

图 6-27

4. 新建图层 3，改名为"分针"，从库里拖动"指针"元件到舞台成为分针实例，命名为"mi_ mc"，选中"mi_ mc"实例，在属性面板修改色彩效果中的样式"色调"，如图 6-28（a）、（b）所示。

（a）                                （b）

图 6-28

5. 新建图层 4，改名为"秒针"，从库里拖动"指针"元件到舞台成为秒针实例，命名为"se_ mc"，选中"mi_ mc"实例，在属性面板修改色彩效果中的样式"色调"，如图 6-29（a）、（b）所示。

（a）　　　　　　　　　　　　　　　　　（b）

图 6-29

6. 新建图层 5，在第一帧添加代码如下：

import flash. utils. Timer；

import flash. events. TimerEvent；

var tm：Timer = new Timer（1000）；

tm. addEventListener（TimerEvent. TIMER， timerHandle）；

tm. start（）；

function timerHandle（e：TimerEvent）：void ｛

　　　var dt：Date = new Date（）；

　　　var hours：Number = dt. getHours（）；

　　　var minutes：Number = dt. getMinutes（）；

　　　var seconds：Number = dt. getSeconds（）；

　　　se_ mc. rotation = seconds ∗ 6；

　　　mi_ mc. rotation =（minutes+seconds/60）∗ 6；

　　　ho_ mc. rotation =（hours+minutes/60+seconds/3600）∗ 30；

｝

7. 按下 ctrl+Enter，测试效果。

说明：

（1）创建 Timer 对象

实例名 = new Timer（），例如：

var tm：Timer = new Timer（1000）；//声明一个定时器，每隔 1000 毫秒（1
秒）就触发一次

tm. addEventListener（TimerEvent. TIMER，timerHandle）；//侦听定时器事件

tm. start（）；//启动定时器，若不启动系统就不会触发 TimerEvent. TIMER 事件

表 6-4　Timer 常用方法、属性、事件表

| running 属性 | 只读属性，看调用是否进行，调用值为 true，否则为 false |
|---|---|
| currentCount 属性 | 只读属性，当前调用的次数 |
| delay 属性 | 读写属性，间隔调用的时间，毫秒为单位 |
| repeatCount 属性 | 读写属性，表示重复调用的次数 |
| start（）方法 | 启动调用 |
| stop（）方法 | 停止调用 |
| reset（）方法 | 重置调用 |
| TimerEvent. TIME 事件 | 表示开始调用时会发生 timer 事件 |
| Timer. TIMER_ COMPLETE 事件 | 调用结束时会发生 timerComplete 事件 |

（2）创建 Date 对象

实例名＝new Date（），例如：

Vardd：Date＝new Date（2015，0，1）；//2015 年 1 月 1 日

表 6-5　Date 常用函数表

| getFullYear（） | 按照本地时间返回 4 位数字的年份数 |
|---|---|
| getMonth（） | 按照本地时间返回月份数。(0 代表一月，1 代表二月，依次类推) |
| getDate（） | 按照本地时间返回某天是当月的第几天 |
| getDay（） | 返回本地表示周几的值（0 表示周日） |
| getHouses（） | 返回本地小时的值 |
| getMinutes（） | 返回本地分钟的值 |
| getSeconds（） | 返回本地秒数的值 |
| setHours（hour：Number） | 设置指定的小时值 |
| setDate（date：Number） | 设置指定的月份中的日期 |
| setMonth（month：Number，[date：Number]） | 设置指定的月份值 |
| setYear（year：Number） | 设定指定的年份值 |

## 6.4 数据的交互

交互设计中很重要且必不可少的部分就是数据的输入输出，我们可以通过设置文本域来实现，Flash 中的文本有三种类型：静态文本、动态文本和输入文本。文本域可以通过文本工具拖动到场景中的舞台上生成，也可以通过代码动态生成。

实例一 日历牌制作

实现功能：日历牌可以显示"年、月、日、时间和星期"。效果如图 6-30。

设计及制作步骤：

1. 新建 Flash 文档，导入外部图片到库里，把图片拖到图层 1 第一帧作为背景，如图 6-31 所示。

图 6-30

图 6-31

2. 新建图层 2，使用文本工具输入静态文本"开心快乐每一天"，使用文本工具添加三个文本域，在属性面板设置"动态文本"，分别命名为"y_ txt"、"t_ txt"、"w_ txt"，如图 6-32（a）、（b）所示。

3. 新建图层 3，在第一帧添加代码如下：

```
import flash. events. Event;
addEventListener（Event. ENTER_ FRAME, calendar）;
functioncalendar（e：Event）{
var d：Date = new Date（）;
```

（a）　　　　　　　　　　（b）

图 6-32

y_ txt. text = d. getFullYear（）＋"年"＋（d. getMonth（）＋1）＋"月"＋
d. getDate（）＋"日"；

t_ txt. text = d. getHours（）＋"："＋d. getMinutes（）＋"："＋d. getSeconds（）；

if（d. getDay（）＝＝1）{

　　　d_ txt. text = "星期一"；

}

if（d. getDay（）＝＝2）{

　　　day_ txt. text = "星期二"；

}

if（d. getDay（）＝＝3）{

　　　d_ txt. text = "星期三"；

}

if（d. getDay（）＝＝4）{

　　　day_ txt. text = "星期四"；

}

if（d. getDay（）＝＝5）{

　　　d_ txt. text = "星期五"；

}

```
if (d. getDay ( ) = =6) {
        d_ txt. text = " 星期六 " ;
}
if (d. getDay ( ) = =0) {
        d_ txt. text = " 星期日 " ;
}
}
}
```

4. 按下 ctrl+Enter，测试效果。

说明：

1）动态文本和输入文本都是 TextField 类的实例；

2）在 ActionScript3.0 中，设置动态文本的内容只能通过设置动态文本的实例名称引用其属性"text"来实现，取消了 ActionScript2.0 中的关联变量。

实例三　计算器

实现功能：输入两个数值，在结果框显示相加后的结果。效果如图 6-33 所示。

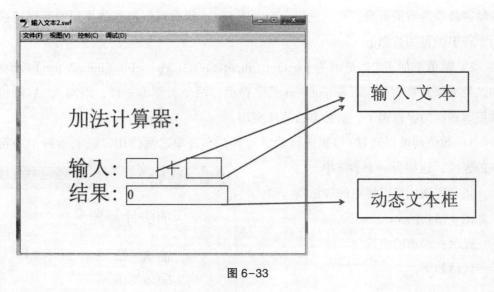

图 6-33

1. 新建 Flash 文档，在场景 1 的图层 1 第一帧，使用文本工具添加静态文本"加法计算器："、"输入："和"结果："。

2. 使用文本工具在"输入："后添加两个输入文本框，分别命名为"input1"和"input2"。

3. 使用文本工具在"结果："后添加一个动态文本框，命名为"output"。

4. 新建图层2，在第一帧添加代码如下：

```
import flash. events. Event;
addEventListener（Event. ENTER_ FRAME，addc）；
function addc（e：Event）{
        output. text = " " + （Number（input1. text） + Number
（input2. text）)；//output. text = " " + [ parseInt（input1. text） + parseInt
（input2. text) ]；
        //output. text = " " + [ parseFloat（input1. text） + parseFloat
（input2. text) ]；
}
```

5. 按下 ctrl+Enter，输入两个数值测试效果。

说明：

1）字符串转换为数字的两个全局函数：parseFloat（）将字符串转换为实数，parseInt（）将字符串转换为整数，Number（）函数也有相同的功能，将其他类型的数据转换为数值类型，然后进行运算。用 String 函数可以把其他类型的数据转换为字符串类型的数据。

2）赋值添加了 " " 是因为 parseInt（input1. text）+parseInt（input2. text）计算的结果类型是数值型，而 output. text 是字符型，两个类型不一样，添加 " " 后就将数值型转换为字符型了，这种方法简便实用。

3）数值间可以通过+号来进行数学运算，字符串之间使用，就表示两个字符串的连接，连接为一个字符串。

拓展实例：可以清空的加法器，效果如图 6-34 所示。

提示：添加清空按钮

代码如下：

```
import flash. events. Event;
import flash. events. MouseEvent；
addEventListener（Event. ENTER_
FRAME，entFun）；
function entFun（e：Event）{
```

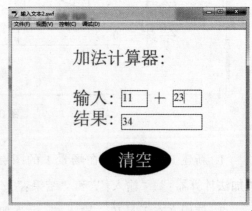

图 6-34

```
    //output. text = " " + (parseInt (input. text) +2);

    output. text = " " + [ Number (input1. text) +Number (input2. text) ];

}

clean. addEventListener (MouseEvent. CLICK, cleanHandle);

function cleanHandle (e: MouseEvent) {

    output. text = " ";

    input1. text = " ";

    input2. text = " ";

}
```

# 6.5 数组的应用

数组可以有效管理具有相同类型的数据，可以简化程序。数组按照维数可以分为一维数组和多维数组，数组中存储的数据没有类型限制，无论是数组、字符串还是对象都可以储存到数组中。数组的属性只有一个，就是数组的长度，最小值为 0。

数组的声明（三种方法）：

数组名 1. Array = new Array ()

数组名 2. Array = new Array (长度)

数组名 3. Array = new Array (元素 1，元素 2，……，元素 n)

实例一　抽奖程序

实现功能：用户可以从输入文本框输入内容，单击按钮在动态文本框显示结果。效果如图 6-35 (a)、(b)、(c)。

设计及制作步骤：

1. 新建 Flash 文档，导入外部图片到库里，把图片拖到图层 1 第一帧作为背景。

2. 新建图层 2，在第一帧使用文本工具添加静态文本"公司年会抽奖环节"，新建"开始"按钮元件，拖放到舞台上命名"开始"按钮实例为 start_ btn，如图 6-35 (a)。

3. 在图层 2 第二种帧插入空白关键帧，使用文本工具添加静态文本"年会抽

(a)　　　　　　　　　　(b)　　　　　　　　　　(c)

图 6-35

奖机"，添加输入文本框命名为 input_ txt，新建"录入"和"开始抽奖"按钮元件，拖放到舞台上分别命名为 input_ btn 和 start1_ btn，如图 6-35（b）。

4. 在图层 2 第三帧插入空白关键帧，使用文本工具添加动态文本框命名为 out _ txt，新建"花落谁家"按钮元件，拖放到舞台上命名为 stop_ btn，再拖放"开始抽奖"按钮元件实例到舞台上，命名为 start3_ btn，如图 6-35（c）。

5. 新建图层 3，在第一帧按 F9 添加代码如下：

```
import flash. events. MouseEvent；
stop （）；
start1_ btn. addEventListener （MouseEvent. CLICK，startgame）；
function startgame （e：MouseEvent） {
    gotoAndStop （2）；
}
```

6. 在图层 3 第二帧插入空白关键帧，按 F9 添加代码如下：

```
import flash. events. MouseEvent；
var base_ array：Array = new Array （）；
input_ btn. addEventListener （MouseEvent. CLICK，inputgame）；
functioninputgame （e：MouseEvent）：void {
    base_ array. push （input_ txt. text）；
    trace （base_ array. toString （））；
    input_ txt. text = "  "；
```

```
            stage. focus = input_ txt;
    };
    start2_ btn. addEventListener（MouseEvent. CLICK，gotostart）
    functiongotostart（e：MouseEvent）｛
        gotoAndStop（3）；
    };
```

7. 在图层 3 第三帧插入空白关键帧，按 F9 添加代码如下：

```
import flash. events. MouseEvent;
var i = 0;
this. addEventListener（Event. ENTER_ FRAME，agame）;
functionagame（e：Event）：void ｛
    out_ txt. text = " " +base_ array［i］;
    i++;
    if（i>base_ array. length-1）｛
            i = 0;
        ｝
    ｝
stop_ btn. addEventListener（MouseEvent. CLICK，stopgame）
function stopgame（e：MouseEvent）：void ｛
    this. removeEventListener（Event. ENTER_ FRAME，entFun）;
    ｝
start3_ btn. addEventListener（MouseEvent. CLICK，kscjgame）
function kscjgame（e：MouseEvent）：void ｛
    this. addEventListener（Event. ENTER_ FRAME，agame）;
    ｝
```

实例二　抽奖程序（用场景转换完成）

提示：用三个场景完成，单击"插入＼场景"菜单命令可以插入新的场景，如图 6-36（a）、（b）所示。

场景 1 的图层代码：

```
import flash. events. MouseEvent;
stop（）;
```

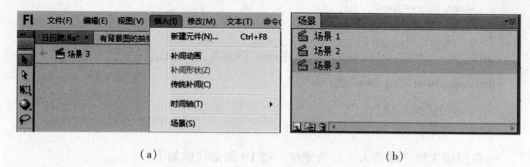

（a）　　　　　　　　　　　　　　（b）

图 6-36

```
start1_ btn. addEventListener （MouseEvent. CLICK，startgame）；
function startgame （e：MouseEvent）{
        gotoAndStop （1，"场景 2"）；
}
```

场景 2 的图层代码：

```
import flash. events. MouseEvent；

var base_ array：Array = new Array （）；

input_ btn. addEventListener （MouseEvent. CLICK，inputgame）；

functioninputgame （e：MouseEvent）：void {
        base_ array. push （input_ txt. text）；
        trace （base_ array. toString （））；
        input_ txt. text = " "；
        stage. focus = input_ txt；
};

start2_ btn. addEventListener （MouseEvent. CLICK，gotostart）
functiongotostart （e：MouseEvent）{
        gotoAndStop （1，"场景 3"）；
};
```

场景 3 的图层代码：

```
import flash. events. MouseEvent；

var i = 0；

this. addEventListener （Event. ENTER_ FRAME，agame）；
```

```
functionagame（e：Event）：void｛
        out_ txt. text = " " +base_ array［i］；
        i++；
        if（i>base_ array. length-1）｛
                i=0；
        ｝
｝

stop_ btn. addEventListener（MouseEvent. CLICK，stopgame）
function stopgame（e：MouseEvent）：void｛
        this. removeEventListener（Event. ENTER_ FRAME，entFun）；
｝

start3_ btn. addEventListener（MouseEvent. CLICK，kscjgame）
function kscjgame（e：MouseEvent）：void｛
        this. addEventListener（Event. ENTER_ FRAME，agame）；
｝
```

# 6.6 键盘交互

KeyboardEvent 类：与键盘相关的操作事件都属于此类。

键盘事件分为两种：

KeyboardEvent. KEY_ DOWN 和 KeyboardEvent. KEY_ UP

在 ActionScript3. 0 中的键盘事件使用中直接使用 stage 作为侦听对象。

实例 方向键控制小鸡啄米

实现功能：用上、下、左、右方向键控制小鸡移动的位置。效果如图 6-37 所示。

设计及制作步骤：

1. 新建 Flash 文档，新建影片剪辑"小鸡"（参照 6.3 鼠标跟随效果及日期时间的设置实例一中的制作），把"小鸡"元件拖到图层 1，元件实例名称为 chick_ mc。

2. 新建图层 2，用毛笔绘制小米。

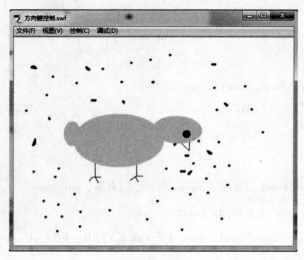

图 6-37

3. 新建图层 3，在第一帧添加代码如下：

```
import flash. events. KeyboardEvent;
stage. addEventListener（KeyboardEvent. KEY_ DOWN，downHandle）;
function downHandle（e：KeyboardEvent）：void {
        if（e. keyCode = = Keyboard. LEFT）{
            chick_ mc. x-=5;
        }
        if（e. keyCode = = Keyboard. RIGHT）{
            chick_ mc. x+=5;
    }
    if（e. keyCode = = Keyboard. UP）{
        chick_ mc. y-=5;
}
        if（e. keyCode = = Keyboard. DOWN）{
            chick_ mc. y+=5;
        }
        e. updateAfterEvent（）;
    }
```

说明：方向键没有 ASCII 码值，因此用 keyCode 属性。

表 6-6 KeyboardEvent 常用属性、方法表

| 方法、属性和事件 | 说明 |
|---|---|
| KeyboardEvent. KEY_ DOWN 事件 | 当按下任一键，若按着不放将会连续被触发 |
| KeyboardEvent. KEY_ UP 事件 | 当放开任一键，将会被触发 |
| charCode 属性 | ASCII 码的十进制表示法，可表示大小写字母 |
| keyCode 属性 | 键盘码值，特殊按键，如方向键等 |
| ctrlKey 属性 | 是否按住 CTRL 键 |
| altKey 属性 | 是否按住 ALT 键 |
| shiftKey 属性 | 是否按住 shift 键 |
| updateAfterEvent（）方法 | 指示 Flash Player 在此事件处理完毕后重新渲染场景 |

上面的程序也可以用 switch 语句完成，代码如下：

```
import flash. events. KeyboardEvent;
stage. addEventListener（KeyboardEvent. KEY_ DOWN，downHandle）;
function downHandle（e：KeyboardEvent）：void {
switch（e. keyCode）{
        case Keyboard. LEFT：
        chick_ mc. x-=5；
        break；
        case Keyboard. RIGHT：
        chick_ mc. x+=5；
        break；
        case Keyboard. UP：
        chick_ mc. y-=5；
        break；
        case Keyboard. DOWN：
        chick_ mc. y+=5；
        break；
        }
```

e. updateAfterEvent ( ) ;

}

switch 语句的格式为：

switch（值表达式）{

    case 值 1 ：

    //满足值 1 的代码；

    break ；

    case 值 2 ：

    //值 2 对应的代码；

    break ；

    ……

    case 值 N ：

    //值 N 对应的代码；

    break ；

    }

# 6.7 碰撞检测

游戏设计中常常用到碰撞检测，Flash 中有两种简单的碰撞检测方法，hitTestObject 方法和 hitTestPoint 方法。

实例　抓老鼠

实现功能：当鼠标移动到老鼠上时老鼠就会消失。效果如图 6-38 所示。

图 6-38

设计及制作步骤：

1. 新建 Flash 文档，新建图形元件"老鼠"，然后再新建影片剪辑元件"老鼠窜"，如图 6-39 所示。

2. 回到场景 1，在图层 1 第一

264

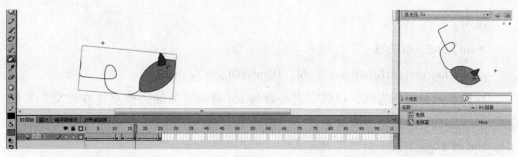

图 6-39

帧按 F9 添加代码如下：

import flash. events. MouseEvent；

import flash. geom. ColorTransform；

for（var i：uint=0；i<5；i++）{

    var mice_ mc：Mice=new Mice（）；

    this. addChild（mice_ mc）；

    mice _ mc. x = Math. random （ ） * （ stage. stageWidth − mice _ mc. width）；

    mice _ mc. y = Math. random （ ） * （ stage. stageHeight − mice _ mc. height）；

    mice_ mc. scaleX=mice_ mc. scaleY=0. 4+Math. random （ ）；

}

stage. addEventListener （MouseEvent. MOUSE_ MOVE，moveHandle）；

function moveHandle （e：MouseEvent）{

    for （var j：uint=0；j<5；j++）{

        if （ this. getChildAt （ j ） . hitTestPoint （ this. mouseX，this. mouseY） ）{

        this. getChildAt （j） . x=Math. random （ ） * stage. stageWidth；

        this. getChildAt （j） . y=Math. random （ ） * stage. stageHeight；

        this . getChildAt （j） . scaleX = this. getChildAt （j） . scaleY = Math. random （ ）；

        }

    }

}

265

说明：

• hitTestObject 方法：

public function hitTestObject（obj：DisplayObject）：Boolean

计算显示对象的边框，以确定它是否与 obj 显示对象的边框重叠或相交。参数 obj：DisplayObject 要测试的显示对象。返回 Boolean 如果显示对象的边框相交则为 true，否则为 false。

例如：

a. hitTestObject（b：flash. display：DisplayObject）

if（a. hitTestObject（b））{

//碰撞后的动作

}

如果 a 和 b 发生了碰撞，则返回 true，并执行 if 语句块的内容。

• hitTestPoint 方法

判断某个点与显示对象是否发生碰撞，格式如下。

Public function hitTestPoint（x：Number，y：Number，shapeFlag：Boolean = false）：Boolean//计算显示对象，以确定它是否与 x，y 参数指定的点重叠或相交，x，y 是舞台坐标空间的点，而不是包含显示对象容器中的点。shapeFlag 检查对象的实际像素（true），或检查边框的实际像素（false）。

# 6.8 组件简介

组件主要是为网络应用程序开发的，使用组件也令 Flash 更方便快捷，也易于维护。使用组件可以将应用程序的设计过程和编码过程分开，通过组件还可以重复利用代码，可以重复利用自己创建的组件中的代码，也可以通过下载并安装其他开发人员创建的组件。Flash CS6 提供了 UI（User Interface）组件和 Video 组件，如图 6-40（a）、（b）。

UI（User Interface）组件，用于设置用户界面，并通过界面使用户与应用程序进行交互操作。Video 组件，主要用于对播放器中动画的状态和播放进度等属性进行交互操作。组件的发布格式有两种：基于 FLA 的组件和基于 SWC 的组件。所有的 UI 组件都是 FLA 文件格式，视频组件中的 FLVPlayback 是基于 SWC 格式的，使用这种格式的组件在影片运行时可以提高运行速度。

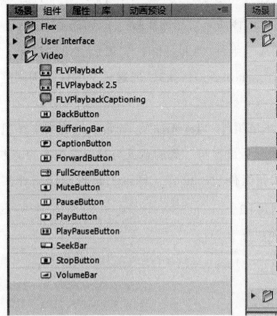

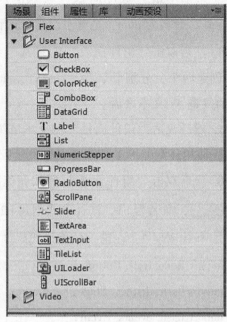

（a）Video 组件　　　　　　　　　　　（b）UI 组件

图 6-40

实例　简单的表单界面的制作

表单效果如图 6-41 所示。

1. 新建 Flash 文档，单击
"窗口 \ 组件"菜单命令或按
ctrl+F7，打开组件面板，如图
6-40（a）。

2. 在图层 1 输入文本"感
谢您填写网站调查表、您的性
别、您的年龄、您的兴趣、您
的意见或建议"，然后双击
"组件面板"的单选组件"Ra-
dioButton"，舞台上出现 ○ Label，
然后命名为 r1，同样新建 r2，

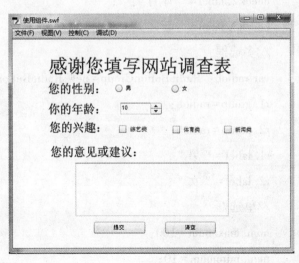

图 6-41

把这两个组件实例移动到"您的性别:"文本之后。

3. 然后双击"组件面板"的数值设置组件"NumericStepper",舞台上出现 ，命名为 num,把这个组件实例移动到"您的年龄"文本之后。

4. 然后双击"组件面板"的复选框组件"CheckBox",舞台上出现 Label,同样再创建两个,分别命名为:check1、check2、check3,把这三个组件实例调整到"您的兴趣:"文本之后。

5. 然后双击"组件面板"的文本域组件"TextArea",舞台上出现文本域组件实例,使用任意变形工具调整大小,然后放置与"您的意见与建议"文本的下方。

6. 最后双击"组件面板"的按钮组件"Button",舞台上出现按钮组件实例 Label ,命名为 b1,同样方式创建 b2。

7. 新建图层 2,在第一帧添加代码如下:

```
import fl. controls. Button;

import flash. display. Stage;

import flash. events. Event;

import fl. controls. RadioButtonGroup;

import flash. events. MouseEvent;

//addEventListener (Event. CHANGE, checkfun);

check1. label = "综艺类";

check2. label = "体育类";

check3. label = "新闻类";

//多选框

var radiob: RadioButtonGroup = new RadioButtonGroup ("options");

r1. group = radiob;

r2. group = radiob;

r1. label = "男";

r2. label = "女";

//单选框

num. maximum = 100;

num. minimum = 10;

//数值设置最小值为 10,最大值为 100
```

b1. label = " 提交 " ；

b2. label = " 清空 "

//按钮标签的设定

//按钮也可以不添加按钮组件实例，而通过以下的代码确定按钮的标签及按钮在舞台上的位置

/ * var play_ btn：Button = new Button （）；

addChild （play_ btn）；

play_ btn. label = " 提交 " ；

play_ btn. x = 160；

play_ btn. y = 350；

//提交按钮

var cancel_ btn：Button = new Button （）；

addChild （cancel_ btn）；

cancel_ btn. label = " 清空 " ；

cancel_ btn. x = 300；

cancel_ btn. y = 350；

//清空按钮 * /

说明：

（1）按钮的创建有两种方法：一种是动态创建，即用代码生成按钮；另一种是手动创建，即我们拖一个按钮在舞台上，并给它实例名。

（2）除了上述例子当中介绍的组件之外，还有拾色器组件"ColorPicker"、数据显示组件"DataGrid"、进度条组件"ProgressBar"、界面滚动条组件"UIScroll-Bar"、列表框组件"List"、下拉列表框组件"ComboBox"等。每个组件都有样式属性和方法，使用这些属性和方法可自定义组件的外观（包括加亮颜色、字体和字体大小）。

● 按钮组件（Button）参数介绍：

emphasized 表示当按钮出于弹起状态是，按钮组件四周是否右边框，默认为false。

enabled 表示组件是否可以接收焦点和输入，默认为 true。

label 表示组件的文本标签，默认是"Button"。

selected 表示切换按钮是否已至关闭或打开位置，默认为 false。

toggle 表示按钮能否切换，值为 true 则按钮在单击后保持按下状态，并在下次单击时弹起；如果值为 false，则与普通按钮一样。默认值为 false。

visible 表示按钮是否可见，true 可见，false 不可见，默认值为 true。

● 复选框组件（CheckBox）参数介绍：

enabled 表示组件是否可以接收焦点和输入，默认为 true。

Label 设置复选框文本的值，默认是"Label"。

labelPlacement 指标签文本相对于复选框的位置，参数值可以是 left、right、top、bottom，默认值为 right。

select 表示复选框初始状态是选中或取消，true 为选中，false 为取消，默认值为 false。

visible 表示是否可见，true 可见，false 不可见，默认值为 true。

● 拾色器（ColorPicker）参数介绍：

enabled 表示组件是否可以接收焦点和输入，默认为 true。

selectedColor 获取或设置拾色器中的颜色值。

showTextField 表示是否出现一个文本字段显示当前所选颜色，默认 true。

visible 表示是否可见，true 可见，false 不可见，默认值为 true。

● 数据显示组件（DataGrid）参数介绍：

allowMultipleSelection 指定允许多行选取，默认值为 false。

editable 指是否可编辑，默认为 true。

headerHeight 指定标题行的高度。

horizontalLineScrollSize 当单击滚动箭头时要在水平方向上滚动的内容量。

horizontalPageScrollSize 指按滚动条轨道时水平滚动条上滚动滑块要移动的像素数。

horizontalScrollPolicy 指定水平滚动条是否始终打开，默认值为 off。

resizableColumns 指用户能否更改列的尺寸，默认值为 true。

rowHeight 指定行高。

showHeaders 是否显示标题行，默认值为 true。

sortableColumns 用户能否通过单击标题对数据提供者中的项目进行排序，默认值为 true。

verticalLineScrollSize 当单击滚动箭头时要在垂直方向上滚动多少像素。

verticalPageScrollSize 指按滚动条轨道时垂直滚动条上滚动滑块要移动的像

素数。

verticalScrollPolicy 指定垂直滚动条是否始终打开，默认值为 off。

●数值设置组件（NumbericStepper）参数介绍：

enabled 表示组件是否可以接收焦点和输入，默认为 true。

maximum 设置最大整数值，默认值为 10。

minimum 设置最小整数值，默认值为 0。

stepSize 设置步长数值。

visible 表示是否可见，true 可见，false 不可见，默认值为 true。

●进度条组件（ProgressBar）参数介绍：

direction 指进度条开始的方向，有两个值 right 和 left。默认为 right。

enabled 表示组件是否可以接收焦点和输入，默认为 true。

mode 获取或设置最大整数值。

soure 获取或设置需要显示的资源。

visible 表示是否可见，true 可见，false 不可见，默认值为 true。

●单选按钮组件（RadioButton）参数介绍：

enabled 表示组件是否可以接收焦点和输入，默认为 true。

groupName 是单选组名称，默认值为 radioGroup。

label 设置单选文本的值，默认是"Label"。

labelPlacement 指标签文本相对于单选框的位置，参数值可以是 left、right、top、bottom，默认值为 right。

select 表示单选框初始状态是选中或取消，true 为选中，false 为取消，一个组内只能有一个单选按钮被选中。默认值为 false。

value 单选框对应的值，默认为空。

visible 表示是否可见，true 可见，false 不可见，默认值为 true。

●文本域组件（TextArea）参数介绍：

condenseWhite 指是否从包含 HTML 文本的 TextArea 组件中删除额外的空白，默认为 false。

editable 指文本是否可编辑，默认为 true。

enabled 表示组件是否可以接收焦点和输入，默认为 true。

horizontalScrollPolicy 是否显示水平滚动条。

htmlText 获取或设置需要显示的资源，带 html 标签。

网络媒体设计与制作

maxChars 设定最大的字符数，默认为 0。

restrict 设定限定的字符。

text 组件中显示的内容。

verticalScrollPolicy 是否显示垂直滚动条。

visible 表示是否可见，true 可见，false 不可见，默认值为 true。

wordWap 设定文本是否自动换行，默认 true。

● 界面滚动条组件（UIScrollBar）参数介绍：

direction 指定滚动条的方向，参数值为 vertical（垂直）和 horizontal（水平），默认值 vertical。

scrollTargetName 是组件的实例名称。

visible 表示是否可见，true 可见，false 不可见，默认值为 true。

## 6.9 动态数据处理

Flash 不能直接与数据库连接，但可以通过第三方服务器技术来实现与数据库的数据交互。Flash 把数据传给服务器脚本，服务器脚本连接数据库再把从 Flash 接收的数据存储到数据库。由于前面没有介绍数据库的知识点，因此，本节内容以简单的显示文本文件的内容为例来学习并了解动态数据的处理。

实例一　显示文本文件内容

实现功能：把文本文件中的内容通过 Flash 动态文本框显示出来。效果如图 6-42 所示。

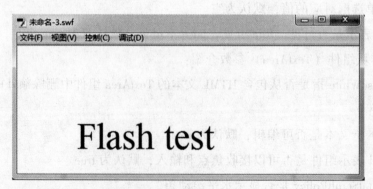

图 6-42

272

1. 打开记事本，新建一个文本文件，在文本文件中输入：var_ txt = flash test，然后另存到 D 盘目录下，文件名为"test. txt"，如图 6-43 所示。

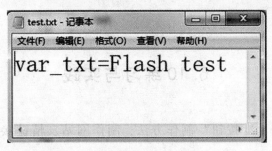

图 6-43

2. 新建 Flash 文档，在图层 1 添加一个动态文本框，命名为 test_ txt，文字大小为 59，如图 6-44 所示。

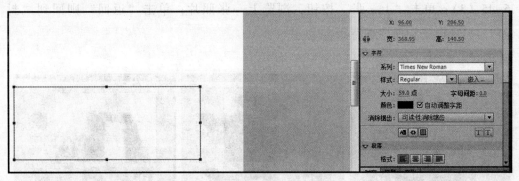

图 6-44

3. 新建图层 2，在第一帧添加代码如下：

import flash. net. URLRequest；

import flash. net. URLLoader；

import flash. events. Event；

var myrequest：URLRequest = new URLRequest（"d：/test. txt"）；

var loader：URLLoader = new URLLoader（）；

loader. dataFormat = URLLoaderDataFormat. VARIABLES；

loader. addEventListener（Event. COMPLETE，loader_ complete）；

loader. load（myrequest）；

function loader_ complete（e：Event）｛

test_ txt. text = loader. data. var_ txt；

trace（"您载入的文本内容是：" +test_ txt. text)

}

# 6.10 练习与实践

1. 利用学习"百度按钮"制作方法，制作网站友情链接"搜狐、百度、淘宝"按钮。

2. 制作简单的电子相册，相册有封面，如图6-45（1），单击图片进入相册，如图6-45（2）。进入相册之后可以看到一张照片，包含三个按钮"上一张"、"下一张"和"返回"，完成功能：单击"下一张"按钮，浏览下一张照片，如图6-45（3）；单击"上一张"按钮，浏览上一张照片；单击"返回"则回到"封面"。另外电子相册添加背景音乐。

（1）封面　　　　　　　　（2）相册　　　　　　　　（3）下一张

图6-45

提示代码：

"封面"场景下的代码

import flash. events. MouseEvent；

stop（）；

fm_ btn. addEventListener（MouseEvent. CLICK，fmHandle）

function fmHandle（e：MouseEvent）{

　　　　gotoAndPlay（1，"相册"）；

}

"相册"场景下的代码

import flash. events. MouseEvent;

stop（）;

tp_ mc. stop（）;

last_ btn. addEventListener（MouseEvent. CLICK，backHandle）;

function backHandle（e：MouseEvent）：void {

tp_ mc. prevFrame（）;

} //上一张

next_ btn. addEventListener（MouseEvent. CLICK，nextHandle）;

function nextHandle（e：MouseEvent）：void {

tp_ mc. nextFrame（）;

} //下一张

function fhhandle（e：MouseEvent）{

this. gotoAndPlay（1，"封面"）;

}

fh_ btn. addEventListener（MouseEvent. CLICK，fhhandle）。

3. 利用所学的鼠标跟随效果制作"山西传媒学院制作"文字跟随鼠标效果。效果如图6-46所示。

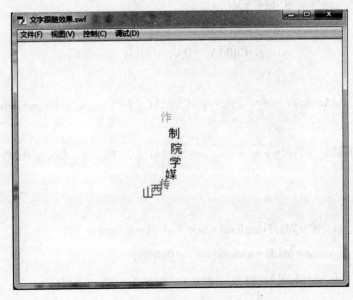

**图6-46**

提示代码如下：

```
import flash. text. TextField;
import flash. text. TextFormat;
import flash. events. MouseEvent;
import flash. geom. ColorTransform;
var following_ txt: String = " 山西传媒学院制作 ";
var textLength: uint = following_ txt. length;
for ( var i: uint = 0; i<textLength; i++ ) {
        var word_ txt: TextField = new TextField ( );
        this. addChild ( word_ txt);
        word_ txt. x = 30 * i;
        var tf: TextFormat = new TextFormat ( );
        tf. size = 20;
        word_ txt. defaultTextFormat = tf;
        word_ txt. text = following_ txt. substring ( i, i+1 );
}
stage. addEventListener ( MouseEvent. MOUSE_ MOVE, moveHandle);
function moveHandle ( e: MouseEvent ): void {
        for ( i = 0; i< = textLength−1; i++ ) {
                if ( i == 0 ) {
                this. getChildAt ( 0 ) . x = this. mouseX;
                this. getChildAt ( 0 ) . y = this. mouseY;
        } else {
this. getChildAt ( i ) . x+ = [ this. getChildAt ( i−1 ) . x−this. getChildAt ( i ) . x]
* 0. 1;
this. getChildAt ( i ) . y+ = [ this. getChildAt ( i−1 ) . y−this. getChildAt ( i ) . y]
* 0. 1;
        }
                var ct: ColorTransform = new ColorTransform ( );
                ct. color = Math. random ( ) * 0xffffff;
                this. getChildAt ( i ) . transform. colorTransform = ct;
```

output. text = " " + [Number (input1. text) +Number (input2. text)];

e. updateAfterEvent ( );

}

D. addEventListener (MouseEvent. CLICK, DHandle);

function DHandle (e: Event) {

4. 制作加、减、乘、除计算器。

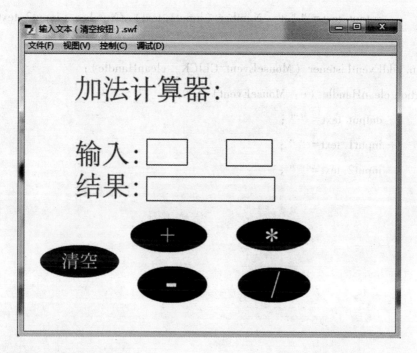

参考脚本代码：

import flash. events. Event;

import flash. events. MouseEvent;

a. addEventListener (MouseEvent. CLICK, AHandle);

function AHandle (e: Event) {

　　　output. text = " " + [Number (input1. text) +Number (input2. text)];

}

B. addEventListener (MouseEvent. CLICK, BHandle);

function BHandle (e: Event) {

　　　output. text = " " + [Number (input1. text) −Number (input2. text)];

}

C. addEventListener (MouseEvent. CLICK, CHandle);

function CHandle (e: Event) {

```
            output. text = " " + [Number (input1. text) * Number (input2. text)];
}
D. addEventListener (MouseEvent. CLICK, DHandle);
function DHandle (e: Event) {
            output. text = " " + [Number (input1. text) /Number (input2. text)];
}
clean. addEventListener (MouseEvent. CLICK, cleanHandle);
function cleanHandle (e: MouseEvent) {
            output. text = " ";
            input1. text = " ";
            input2. text = " ";
}
```

# 第七章 网站设计与制作

**本章要点**：介绍了网站制作的整体设计思路及网站发布之前需要做的工作。

所有的设计第一步就是构思，做网站也一样，构思好了，还需要用 PhotoShop 或 FireWorks（以下简称 PS 或 FW）等图片处理软件将需要制作的界面布局简单的构画出来，最后确定制作软件开始制作。

## 7.1 定位网站的主题和名称

一、网站主题

网站的主题也就是网站的题材，网站设计开始首先遇到的问题。常见的网站的十类题材：

| | |
|---|---|
| 第 1 类：网上求职 | 第 2 类：网上聊天/即时信息/ ICQ |
| 第 3 类：网上社区/讨论/邮件列表 | 第 4 类：计算机技术 |
| 第 5 类：网页/网站开发 | 第 6 类：娱乐网站 |
| 第 7 类：旅行 | 第 8 类：参考/资讯 |
| 第 9 类：家庭/教育 | 第 10 类：生活/时尚 |

每个大类都可以继续细分，比如娱乐类再分为体育、电影、音乐等小类，音乐又可以按格式分为 MP3、VQF，Ra 等；按表现形式分古典、现代、摇滚等。同时，各个题材相联系和交叉结合可以产生新的题材，这么多的题材，在选择时可以遵循以下原则：

1. 主题要小而精

定位要小，内容要精。如果你想制作一个包罗万象的站点，把所有你认为精彩的东西都放在上面，那么往往会事与愿违，给人的感觉是没有主题，没有特色，样样有，却样样都很肤浅，因为你不可能有那么多的精力去维护它。网站的最大特点就是新和快，目前最热门的个人主页都是天天更新甚至几小时更新一次。

2. 题材最好是自己擅长或者喜爱的内容

兴趣是制作网站的动力，没有热情，很难设计制作出优秀的网站。如果喜欢摄影，就可以建立一个与摄影相关的网站；对旅游感兴趣，可以收集或发表旅游心得与旅游攻略，还可以与旅行社合作推出旅行路线等。这样在制作网站时，才能发挥自己的特长与能力，不会觉得设计与制作过程枯燥、辛苦或者力不从心。

3. 题材最好"独特"

到处可见，人人都有的题材，不容易获得访问量，而访问量是一个网站的重要指标；如果没有自己的"特点"，就不要选择模仿一些已经非常优秀，知名度很高的站点的题材，你要超过它是很困难的，而单纯的模仿没有任何建立网站的意义，当然如果只是为了学习如何建立站点除外。

二、网站名称

如果题材已经确定以后，就可以根据题材给网站起一个名字。网站名称，也是网站设计的一部分，而且是很关键的一个要素。网站名称应该大气、响亮、让人印象深刻、容易记住，名称对网站的形象和宣传推广也有很大影响。

1. 名称要正

其实就是要合法，合理，合情。不能用反动的、色情的、迷信的、危害社会安全的名词语句。

2. 名称要好记、有特色

名称要让人容易记住，字数尽量少，最好不要超过六个字，字数少也适合其他站点的链接排版。名称普通可以接受，但若能体现一定的内涵，给浏览者更多的视觉冲击和空间想象力，则更好，在体现出网站主题的同时，能点出特色之处。

# 7.2 定位网站的 CI 形象

一个优秀的网站，和实体公司一样，需要整体的形象包装和设计，有创意的CI 设计，对网站的宣传推广有事半功倍的效果。

1. 设计网站的标志（Logo）

就如同商标一样，标志是站点特色和内涵的集中体现，看见标志就让大家联想起你的站点。标志的设计创意通常来自网站的名称和内容：

（1）网站有代表性的人物、动物、花草等，可以用它们作为设计的蓝本，加以卡通化和艺术化，比如迪士尼的，如图 7-1，搜狐的卡通狐狸，如图 7-2 等。

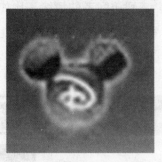

图 7-1　　　　　　　　图 7-2

（2）专业性的网站，可以用本专业有代表的物品作为标志。比如农业银行的麦穗标志，如图 7-3，公安部的警徽标志，如图 7-4。

图 7-3　　　　　　　　图 7-4

（3）最常用、最简单的方式是用自己网站的英文名称作标志。采用不同的字体、字母的变形、字母的组合来制作自己的标志，如图 7-5。

IBM　　　　　富士通　　　　　Intel　　　　　惠普

图 7-5

## 2. 设计网站的标准色彩

网站给人的第一印象来自视觉冲击，确定网站的标准色彩是相当重要的一步。不同的色彩搭配产生不同的效果，并可能影响到访问者的情绪。比如，IBM 的深蓝色、肯德基的红色（如图 7-6）、Windows 视窗标志上的红蓝黄绿色块，都使我们觉得很贴切，很舒服。

图 7-6

"标准色彩"是指能体现网站形象和延伸内涵的色彩。一般来说，一个网站的标准色彩不超过三种，太多就会让人感觉眼花缭乱。一般标准色彩用于网站的标志、标题、主菜单和主色块，给人以整体统一的感觉。至于其他色彩也可以使用，但只是作为点缀和衬托，绝不能喧宾夺主。适合于网页标准色的颜色有：蓝色、黄/橙色、黑/灰/白色三大系列色，要注意色彩的合理搭配。

## 3. 设计网站的标准字体

和标准色彩一样，标准字体是指用于标志，标题，主菜单的特有字体。一般我们网页默认的字体是宋体。为了体现站点的"与众不同"和特有风格，我们可以根据需要选择一些特别字体。比如，为了体现专业可以使用粗仿宋体，体现设计精美可以用广告体，体现亲切随意可以用手写体等。

4. 设计网站的宣传标语

宣传标语也可以说是网站的精神、网站的目标，用一句话甚至一个词来高度概括。类似实际生活中的广告金句。比如：耐克的"Just do it"，如图 7-7 所示、鹊巢的"味道好极了"等。

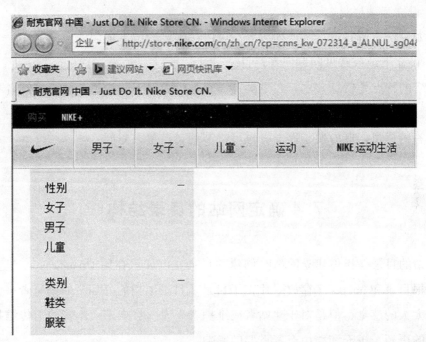

图 7-7

# 7.3 确定网站的栏目

建立一个网站如同写一本书，首先要拟好提纲，文章才能主题明确，层次清晰。如果网站结构不清晰，目录庞杂，不但浏览者看得糊涂，自己扩充和维护网站也相当困难。网站的题材确定后，接下来收集和组织相关的资料内容，但如何组织内容才能吸引网友们来浏览网站呢？栏目的实质是一个网站的大纲索引，索引应该将网站的主体明确显示出来。一般的网站栏目安排要注意以下几方面：

1. 要紧扣主题

将你的主题按一定的方法分类并将它们作为网站的主栏目。主题栏目个数在总栏目中要占绝对优势，这样的网站显的专业，主题突出，容易给人留下深刻印象。

## 2. 要有"最近更新"或"网站指南"栏目

"最近更新"的栏目，是为了照顾常来的访客，让你的主页更有人性化。如果主页内容庞大，层次较多，而又没有站内的搜索引擎，设置"本站指南"栏目，可以帮助初次访问的用户快速找到他们想要的内容。

## 3. 设立互动栏目

比如论坛、留言本、邮件列表等，可以让浏览者留下他们的信息。

## 4. 设立下载或常见问题回答栏目

网络的特点是信息共享。在主页上设置一个资料下载栏目，便于访问者下载所需资料。另外，如果站点经常收到网友关于某方面的问题来信，最好设立一个常见问题回答的栏目，既方便了网友，也可以节约自己更多时间。

# 7.4 确定网站的目录结构

网站的目录是指你建立网站时创建的目录。例如：在用 Dreamweaver 建立网站时建立根目录和 images（存放图片）子目录。目录结构的好坏，对浏览者来说并没有什么太大的感觉，但是对于建站者或维护者来说，将来站点本身的上传维护、未来内容的更新、扩充和移植有着重要的影响。

1. 不要将所有文件都存放在根目录下，会造成文件管理混乱，会搞不清哪些文件需要编辑和更新，哪些无用的文件可以删除，哪些是相关联的文件，最终影响工作效率。当然冗余文件太多也会影响上传速度，使上传速度慢。服务器一般都会为根目录建立一个文件索引。当你将所有文件都放在根目录下，那么即使你只上传更新一个文件，服务器也需要将所有文件再检索一遍，建立新的索引文件。很明显，文件量越大，等待的时间也将越长。所以，尽可能减少根目录的文件存放数。

2. 按栏目内容建立子目录

建立子目录，首先按主菜单栏目建立。例如：企业站点可以按公司简介、产品介绍，价格，在线定单，反馈联系等建立相应目录。其他的次要栏目，比如学校网站，"招生信息"需要经常更新可以建立独立的子目录，而不需要经常更新的栏目，比如：学校历史介绍、关于本站等可以合并放在一个统一目录下。所有程序一般都存放在特定目录。例如：CGI 程序放在 cgi-bin 目录。所有需要下载的内容也最好放在一个目录下。

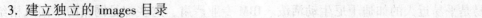

3. 建立独立的 images 目录

在每个主栏目目录下都为每个主栏目建立一个独立的 images 目录是最方便管理的。而根目录下的 images 目录只是用来放首页和一些次要栏目的图片。

4. 目录的其他注意事项

目录的层次不要太深，目录的层次建议不要超过三层，这样维护管理起来就很方便。不要使用中文目录，很多服务器不识别中文，也不要使用过长的目录。

## 7.5 确定网站的链接结构

网站的链接结构是指页面之间相互链接的拓扑结构。它建立在目录结构基础之上，但可以跨越目录。建立网站的链接结构有两种基本方式：

1. 树状链接结构

类似 DOS 的目录结构，首页链接指向一级页面，一级页面链接指向二级页面。这样的链接结构浏览时，一级级进入，一级级退出。优点是条理清晰，访问者明确知道自己在什么位置，缺点是浏览效率低，一个栏目下的子页面到另一个栏目下的子页面，必须经过首页，让人感觉繁琐。

2. 星状链接结构

类似网络服务器的链接，每个页面相互之间都建立有链接。这种链接结构的优点是浏览方便，随时可以到达自己喜欢的页面。缺点是链接太多，容易使浏览者迷路，搞不清自己在什么位置、浏览了哪些内容。

在实际的网站设计中，这两种基本结构都不会单独使用，常常是将这两种结构混合起来使用，达到比较理想的效果。建议方案是：首页和一级页面之间用星状链接结构，一级和以下各级页面之间用树状链接结构。

## 7.6 设计网站的整体风格

风格（style）是抽象的，是指站点的整体形象给浏览者的综合感受。这个"整体形象"包括站点的 CI（标志，色彩，字体，标语）、版面布局、浏览方式、交互性、文字、语气、内容价值、存在意义、站点荣誉等诸多因素。比如，我们觉得网易是平易近人的如迪士尼生动活泼、IBM 专业严肃，这些都是网站的不同风格给人们留下的不同感受。

风格是独特的，是你的站点不同于其他网站的地方。可能是色彩，或者技术，或者交互方式，能让浏览者明确分辨出这是你的网站独有的。风格是有个性的，通过网站的外表、内容、文字、交流可以概括出一个站点的个性。是温文儒雅，是执着热情，是活泼易变，还是放任不羁。树立网站风格分这样几个步骤：

1. 有价值的内容。一个网站有风格而没有内容，好比一个性格傲慢但却目不识丁的人，所以你首先必须保证网站内容的质量和价值，这是最基本的。

2. 需要彻底搞清楚希望自己的站点给人的印象是什么。

3. 在明确自己的网站印象后，开始努力建立和加强这种印象。并以它作为网站的特色加以重点强化、宣传。下面是几点建议：

（1）将你的标志 Logo，尽可能的出现在每个页面上，可以放在页眉、页脚或背景上。

（2）突出你的标准色彩。文字的链接色彩，图片的主色彩，背景色，边框等色彩尽量使用与标准色彩一致的色彩。

（3）突出你的标准字体。在关键的标题、菜单、图片里使用统一的标准字体。

（4）把你的网站宣传标语放在你的 banner 里，或者放在醒目的位置，告诉大家你的网站的特色。

（5）使用统一的语气和人称。即使是多个人合作维护，也要让读者觉得是同一个人写的。

（6）使用统一的图片处理效果。比如，阴影效果的方向、厚度、模糊度都必须一样。

（7）创造一个你的站点特有的符号或图标。

（8）展示你网站的荣誉和成功作品。

（9）告诉网友关于你的真实的故事和想法。风格的形成不是一次定位的，你可以在实践中不断强化，调整，修饰。

## 7.7 网站的发布

网页基本建成后，上网找主页空间，以其主机的速度，提供的空间大小和有无

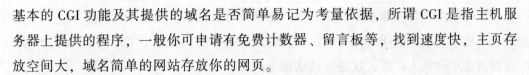

基本的 CGI 功能及其提供的域名是否简单易记为考量依据，所谓 CGI 是指主机服务器上提供的程序，一般你可申请有免费计数器、留言板等，找到速度快，主页存放空间大，域名简单的网站存放你的网页。

一、域名

域名是网站在互联网上的名字。一个人如果希望在网络上建立自己的主页，就必须取得一个域名，域名也是由若干部分组成，包括数字和字母。域名是上网单位和个人在网络上的重要标识，起着识别作用，便于他人识别和检索某一企业、组织或个人的信息资源，从而更好地实现网络上的资源共享。除了识别功能外，在虚拟环境下，域名还可以起到引导、宣传、代表等作用。域名有与其对应的 IP 地址通过 DNS 进行转换。域名可分为不同级别，包括顶级域名、二级域名、三级域名、注册域名。

二、域名申请

1. 准备申请资料：com 域名无需提供身份证、营业执照等资料，2012 年 6 月 3 日 cn 域名已开放个人申请注册，所以申请则需要提供身份证或企业营业执照。

2. 寻找域名注册网站：由于 .com、.cn 域名等不同后缀均属于不同注册管理机构所管理，如要注册不同后缀域名则需要从注册管理机构寻找经过其授权的顶级域名注册查询服务机构。如 com 域名的管理机构为 ICANN，cn 域名的管理机构为 CNNIC（中国互联网络信息中心）。域名注册查询注册商已经通过 ICANN、CNNIC 双重认证，则无需分别到其他注册服务机构申请域名。

3. 查询域名：在注册商网站注册用户名成功后并查询域名，选择您要注册的域名，并点击域名注册查询。

4. 正式申请：查到想要注册的域名，并且确认域名为可申请的状态后，提交注册，并缴纳年费。

5. 申请成功：正式申请成功后，即可开始进入 DNS 解析管理、设置解析记录等操作。

三、网站空间

目前，做个人网站可以申请免费个人空间，其域名也是依赖免费域名指向的。但免费的空间和域名对个人网站的推广与发展很不利，免费空间一般会赠送三级域名，三级域名一般很长很难记忆的；大部分免费空间的容量都很有限，10M 到 100M 的免费空间居多，无法真正满足网站需求；免费空间一般都不会提供数据库，不支持动态脚本，不支持 ASP、ASP. NET、PHP、CGI 这些动态脚本，就无法做出交互性的站点，管理起来很费劲，用户不能留言、评论，数据不能搜索等；速度缓慢且不稳定，因为空间是免费的，一台服务器上可能会挂数千个站点；大部分空间商都会要求你植入广告，这是你没法拒绝的。

因此，如果只是为了学习做练习，可以申请免费空间熟悉整个网站发布的过程。如果是真正想做一个网站，那么可以去中国万网（http://www.net.cn）等有名的互联网应用服务提供商，或者去主机001（http://www.zhuji001.com）等代理商去购买收费空间。当然购买了收费空间也会赠送域名，但通常这些域名可能不是你所需要的。比如想建一个旅游网站，名称为"旅行"，需要的域名为 lvxing.com.cn，但赠送的域名里是没有的，甚至连意思相近的都很难找到，因此想要一个合适的域名需要你花点钱去注册（甚至花钱注册也会出现已经被别人注册的可能，就如同商标一样），独立的域名就是个人网站的第一笔财富，要把域名起得形象、简单、易记。

最后利用FTP软件将网页上传至你申请的空间中，这时你的网站已建立，可以通知你的朋友上去浏览，把个人网站印在你的名片上，还想推广你的网站？那你可去各大搜索网站登录你的新站，如雅虎、搜虎、新浪等知名网站。你还可与其他网站申请友情连结、去一些提供连结交换的网站申请广告交换，如太极链、酷站等。在做这一步时你需要做二个468×60和88×31尺寸的广告图片，动画最好，存储大小尽量控制在10k以下。如果你还想靠你的网站赚一些小钱，当你的浏览量较大时，你可去一些商业网站申请广告连结，替他们做广告，通常会以从你的网页点击到他们的网页次数算钱。当然还要注意网站的内容必须健康向上、真实可信，否则网站可能会被关，甚至需要负法律责任。

## 7.8 练习与实践

设计并完成一个个人网站。

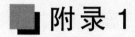

# 附录 1
# 常用 ASCII 码对照表

| ASCII 码 | 键盘 | ASCII 码 | 键盘 | ASCII 码 | 键盘 | ASCII 码 | 键盘 |
|---|---|---|---|---|---|---|---|
| 27 | ESC | 32 | SPACE | 33 | ! | 34 | " |
| 35 | # | 36 | $ | 37 | % | 38 | & |
| 39 | ´ | 40 | ( | 41 | ) | 42 | * |
| 43 | + | 44 | ´ | 45 | – | 46 | . |
| 47 | / | 48 | 0 | 49 | 1 | 50 | 2 |
| 51 | 3 | 52 | 4 | 53 | 5 | 54 | 6 |
| 55 | 7 | 56 | 8 | 57 | 9 | 58 | : |
| 59 | ; | 60 | < | 61 | = | 62 | > |
| 63 | ? | 64 | @ | 65 | A | 66 | B |
| 67 | C | 68 | D | 69 | E | 70 | F |
| 71 | G | 72 | H | 73 | I | 74 | J |
| 75 | K | 76 | L | 77 | M | 78 | N |
| 79 | O | 80 | P | 81 | Q | 82 | R |
| 83 | S | 84 | T | 85 | U | 86 | V |
| 87 | W | 88 | X | 89 | Y | 90 | Z |
| 91 | [ | 92 | \ | 93 | ] | 94 | ^ |
| 95 | _ | 96 | ` | 97 | a | 98 | b |
| 99 | c | 100 | d | 101 | e | 102 | f |
| 103 | g | 104 | h | 105 | i | 106 | j |
| 107 | k | 108 | l | 109 | m | 110 | n |
| 111 | o | 112 | p | 113 | q | 114 | r |
| 115 | s | 116 | t | 117 | u | 118 | v |
| 119 | w | 120 | x | 121 | y | 122 | z |
| 123 | { | 124 | | | 125 | } | 126 | ~ |

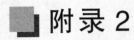

# 附录 2
# Dreamweaver 常用快捷键表

## 一、【文件】菜单命令快捷键

| 新建文档 | Ctrl+N | 打开一个 | HTML 文件 Ctrl+O |
|---|---|---|---|
| 在框架中打开 | Ctrl+Shift+O | 关闭 | Ctrl+W |
| 保存 | Ctrl+S | 另存为 | Ctrl+Shift+S |
| 检查链接 | Shift+F8 | 退出 | Ctrl+Q |

## 二、【编辑】菜单命令快捷键

| 撤消 | Ctrl+Z | 重复 | Ctrl+Y 或 Ctrl+Shift+Z |
|---|---|---|---|
| 剪切 | Ctrl+X 或 Shift+Del | 拷贝 | Ctrl+C 或 Ctrl+Ins |
| 粘贴 | Ctrl+V 或 Shift+Ins | 清除 | Delete |
| 全选 | Ctrl+A | 选择父标签 | Ctrl+Shift+< |
| 选择子标签 | Ctrl+Shift+> | 查找和替换 | Ctrl+F |
| 查找下一个 | F3 | 缩进代码 | Ctrl+Shift+] |
| 左缩进代码 | Ctrl+Shift+[ | 平衡大括弧 | Ctrl+' |
| 启动外部编辑器 | Ctrl+E | 参数选择 | Ctrl+U |

## 三、【页面视图】快捷键

| 标准视图 | Ctrl+Shift+F6 | 布局视图 | Ctrl+F6 |
|---|---|---|---|
| 工具条 | Ctrl+Shift+T | | |

## 四、【查看页面元素】快捷键

| 可视化助理 | Ctrl+Shift+I | 标尺 | Ctrl+Alt+R |
|---|---|---|---|
| 显示网格 | Ctrl+Alt+G | 靠齐到网格 | Ctrl+Alt+Shift+G |

（续表）

| 头内容 | Ctrl+Shift+W | 页面属性 | Ctrl+Shift+J |
|---|---|---|---|

### 五、【代码编辑】快捷键

| 切换到设计视图 | Ctrl+Tab | 打开快速标签编辑器 | Ctrl+T |
|---|---|---|---|
| 选择父标签 | Ctrl+Shift+< | 平衡大括弧 | Ctrl+´ |
| 全选 | Ctrl+A | 拷贝 | Ctrl+C |
| 查找和替换 | Ctrl+F | 查找下一个 | F3 |
| 替换 | Ctrl+H | 粘贴 | Ctrl+V |
| 剪切 | Ctrl+X | 重复 | Ctrl+Y |
| 撤消 | Ctrl+Z | 切换断点 | Ctrl+Alt+B |
| 向上选择一行 | Shift+Up | 向下选择一行 | Shift+Down |
| 选择左边字符 | Shift+Left | 选择右边字符 | Shift+Right |
| 向上翻页 | Page Up | 向下翻页 | Page Down |
| 向上选择一页 | Shift+Page Up | 向下选择一页 | Shift+Page Down |
| 选择左边单词 | Ctrl+Shift+Left | 选择右边单词 | Ctrl+Shift+Right |
| 移到行首 | Home | 移到行尾 | End |
| 移动到代码顶部 | Ctrl+Home | 移动到代码尾部 | Ctrl+End |
| 向上选择到代码顶部 | Ctrl+Shift+Home | 向下选择到代码顶部 | Ctrl+Shift+End |

### 六、【编辑文本】快捷键

| 创建新段落 | Enter |
|---|---|
| 插入换 | Shift+Enter |
| 插入不换行空 | Ctrl+Shift+Spacebar |
| 拷贝文本或对象到页面其他位置 | Ctrl+拖动选取项目到新位置 |
| 选取一个单词 | 双击 |
| 将选定项目添加到库 | Ctrl+Shift+B |
| 在设计视图和代码编辑器之间切换 | Ctrl+Tab |
| 打开和关闭［属性］检查器 | Ctrl+Shift+J |
| 检查拼写 | Shift+F7 |

七、【格式化文本】快捷键

| 缩进 | Ctrl+] | 左缩进 | Ctrl+ [ |
|---|---|---|---|
| 格式 \ 无 | Ctrl+0 （零） | 段落格式 | Ctrl+Shift+P |
| 应用标题 1 到 6 到段落 | Ctrl+1 到 6 | 对齐 \ 左对齐 | Ctrl+Shift+Alt+L |
| 对齐 \ 居中 | Ctrl+Shift+Alt+C | 对齐 \ 右对齐 | Ctrl+Shift+Alt+R |
| 加粗选定文本 | Ctrl+B | 倾斜选定文本 | Ctrl+I |
| 编辑样式表 | Ctrl+Shift+E | | |

八、【处理表格】快捷键

| 选择表格（光标在表格中） | Ctrl+A |
|---|---|
| 移动到下一单元格 | Tab |
| 移动到上一单元格 | Shift+Tab |
| 插入行（在当前行之前） | Ctrl+M |
| 在表格末插入一行　在最后一个单元格 | Tab |
| 删除当前行 | Ctrl+Shift+M |
| 插入列 | Ctrl+Shift+A |
| 删除列 | Ctrl+Shift+-（连字符） |
| 合并单元格 | Ctrl+Alt+M |
| 拆分单元格 | Ctrl+Alt+S |
| 更新表格布局（在"快速表格编辑"模式中强制重绘） | Ctrl+Spacebar |

九、【处理框架】快捷键

| 选择框架 | 框架中 Alt+点击 |
|---|---|
| 选择下一框架或框架页 | Alt+右方向键 |
| 选择上一框架或框架页 | Alt+左方向键 |
| 选择父框架 | Alt+上方向键 |
| 选择子框架或框架页 | Alt+下方向键 |
| 添加新框架到框架页 | Alt+从框架边界拖动 |
| 使用推模式添加新框架到框架页 | Alt+Ctrl+从框架边界拖动 |

### 十、【处理层】快捷键

| | |
|---|---|
| 选择层 | Ctrl+Shift+点击 |
| 选择并移动层 | Shift+Ctrl+拖动 |
| 从选择中添加或删除层 | Shift+点击层 |
| 以象素为单位移动所选层 | 上方向键 |
| 按靠齐增量移动所选层 | Shift+方向键 |
| 以象素为单位调整层大小 | Ctrl+方向键 |
| 以靠齐增量为单位调整层大小 | Ctrl+Shift+方向键 |
| 将所选层与最后所选层的顶部/底部/左边/右边对齐 | Ctrl+上/下/左/右方向键 |
| 统一所选层宽度 | Ctrl+Shift+〔 |
| 统一所选层高度 | Ctrl+Shift+〕 |
| 创建层时切换嵌套设置 | Ctrl+拖动 |
| 切换网格显示 | Ctrl+Shift+Alt+G |
| 靠齐到网格 | Ctrl+Alt+G |

### 十一、【处理时间轴，图象】快捷键

| | |
|---|---|
| 添加对象到时间轴 | Ctrl+Alt+Shift+T |
| 添加关键帧 | Shift+F9 |
| 删除关键帧 | Delete |
| 改变图象源文件属性 | Double+点击图象 |
| 在外部编辑器中编辑图象 | Ctrl+双击图象 |

### 十二、【管理超链接】快捷键

| | |
|---|---|
| 创建超链接（选定文本） | Ctrl+L |
| 删除超链接 | Ctrl+Shift+L |
| 在 Dreamweaver 打开链接文档 | Ctrl+双击链接 |
| 检查选定链接 | Shift+F8 |
| 检查整个站点中的链接 | Ctrl+F8 |

网络媒体设计与制作

### 十三、【浏览器中】快捷键

| | |
|---|---|
| 在主浏览器中预览 | F12 |
| 在次要浏览器中预览 | Ctrl+F12 |
| 在主浏览器中调试 | Alt+F12 |
| 在次要浏览器中调试 | Ctrl+Alt+F12 |

### 十四、【站点管理和 FTP】快捷键

| | |
|---|---|
| 创建新文件 | Ctrl+Shift+N |
| 创建新文件夹 | Ctrl+Shift+Alt+N |
| 打开选定 | Ctrl+Shift+Alt+O |
| 从远程 FTP 站点下载选定文件或文件夹 | Ctrl+Shift+D 或将文件从［站点］窗口的［远程］栏拖动到［本地］栏 |
| 将选定文件或文件夹上载到远程 FTP 站点 | Ctrl+Shift+U 或将文件从［站点］窗口的［本地］栏拖动到［远程］栏 |
| 取出 | Ctrl+Shift+Alt+D |
| 存回 | Ctrl+Shift+Alt+U |
| 查看站点地图 | Alt+F8 |
| 刷新远端站点 | Alt+F5 |

### 十五、【站点地图】快捷键

| | | | |
|---|---|---|---|
| 查看站点文件 | F8 | 刷新本地栏 | Shift+F5 |
| 设为根 | Ctrl+Shift+R | 链接到现存文件 | Ctrl+Shift+K |
| 改变链接 | Ctrl+L | 删除链接 | Delete |
| 显示/隐藏链接 | Ctrl+Shift+Y | 显示页面标题 | Ctrl+Shift+T |
| 重命名文件 | F2 | 放大站点地图 | Ctrl++（加） |
| 缩小站点地图 | Ctrl+-（连字符） | | |

### 十六、【播放插件】快捷键

| | | | |
|---|---|---|---|
| 播放插件 | Ctrl+Alt+P | 停止插件 | Ctrl+Alt+X |
| 播放所有插件 | Ctrl+Shift+Alt+P | 停止所有插件 | Ctrl+Shift+Alt+X |

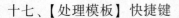

### 十七、【处理模板】快捷键

| | |
|---|---|
| 创建新的可编辑区域 | Ctrl+Alt+V |

### 十八、【插入对象】快捷键

| 图象 | Ctrl+Alt+I | 表格 | Ctrl+Alt+T |
|---|---|---|---|
| Flash 影片 | Ctrl+Alt+F | Shockwave 和 Director 影片 | Ctrl+Alt+D |
| 命名锚记 | Ctrl+Alt+A | | |

### 十九、【历史记录面板】快捷键

| | |
|---|---|
| 打开［历史记录］面板 | Shift F10 |
| 开始/停止录制命令 | Ctrl+Shift+X |
| 播放录制好的命令 | Ctrl+P |

### 二十、【打开和关闭面板】快捷键

| 对象 | Ctrl+F2 | 属性 | Ctrl+F3 |
|---|---|---|---|
| 站点文件 | F5 | 站点地图 | Ctrl+F5 |
| 资源 | F11 | CSS 样式 | Shift+F11 |
| HTML 样式 | Ctrl+F11 | 行为 | Shift+F3 |
| 历史记录 | Shift+F10 | 时间轴 | Shift+F9 |
| 代码检查器 | F10 | 框架 | Shift+F2 |
| 层 | F2 | 参考 | Ctrl+Shift+F1 |
| 显示/隐藏浮动面板 | F4 | 最小化所有窗口 | Shift+F4 |
| 最大化所有窗口 | Alt+Shift+F4 | | |

### 二十一、【获得帮助】快捷键

| | |
|---|---|
| 使用 Dreamweaver ［帮助主题］ | F1 |
| 参考 | Shift+F1 |
| Dreamweaver 支持中心 | Ctrl+F1 |

# 附录 3
# Fireworks 快捷键表

## 一、【工具】快捷键

| | | | |
|---|---|---|---|
| 指针、选择后方对象 | V、0 | 部分选定 | A、1 |
| 选取框、椭圆选取框 | M | 套索、多边形套索 | L |
| 裁剪、导出区域 | C | 魔术棒 | W |
| 线条工具 | N | 钢笔工具 | P |
| 矩形、圆角矩形、椭圆、多边形 | U | 文本工具 | T |
| 铅笔、刷子 | B | 矢量路径、重绘路径 | P |
| 缩放、倾斜、扭曲 | Q | 自由变形、更改区域形状 | O |
| 滴管工具 | I | 油漆桶、渐变 | G |
| 橡皮擦工具 | E | 模糊、锐化、减淡、加深、涂抹 | R |
| 橡皮图章工具 | S | 刀子工具 | Y |
| 矩形热点、圆形热点、多边形热点 | J | 切片、多边形切片 | K |
| 手形工具 | H | 缩放工具 | Z |
| 隐藏/显示切片 | 2 | 设置默认笔触/填充色 | D |
| 交换笔触/填充色 | X | 切换屏幕模式 | F |

## 二、【菜单】命令

| | | | |
|---|---|---|---|
| 新建文件（N） | Ctrl+N | 打开（O）... | Ctrl+O |
| 关闭（C） | Ctrl+W | 保存（S） | Ctrl+S |
| 另存为（A）... | Ctrl+Shift+S | 导入（I）... | Ctrl+R |

（续表）

| | | | |
|---|---|---|---|
| 导出（E）… | Ctrl+Shift+R | 导出预览（R）… | Ctrl+Shift+X |
| 在浏览器中预览 | F12 | 在辅助浏览器中预览 | Ctrl+F12，Shift+F12 |
| 打印（P）… | Ctrl+P | 退出（X） | Ctrl+Q |
| 撤消 | Ctrl+Z | 重做 | Ctrl+Y，Ctrl+Shift+Z |
| 插入新建按钮（B）… | Ctrl+Shift+F8 | 新建元件（Y）… | Ctrl+F8 |
| 热点（H） | Ctrl+Shift+U | 切片（S） | Alt+Shift+U |
| 查找和替换（F）… | Ctrl+F | 剪切（T） | Ctrl+X |
| 复制（C） | Ctrl+C | 复制 HTML 代码（H）… | Ctrl+Alt+C |
| 粘贴（P） | Ctrl+V | 清除 | 退格，DEL |
| 贴入内部（I） | Ctrl+Shift+V | 粘贴属性（A） | Ctrl+Alt+Shift+V |
| 重复（L） | Ctrl+Alt+D | 克隆（N） | Ctrl+Shift+D |
| 参数选择（F）… | Ctrl+U | 放大（Z） | Ctrl+=，Ctrl+Shift+= |
| 缩小（O） | Ctrl+– | 缩放比率50% | Ctrl+5 |
| 缩放比率100% | Ctrl+1 | 缩放比率200% | Ctrl+2 |
| 缩放比率300% | Ctrl+3 | 缩放比率400% | Ctrl+4 |
| 缩放比率800% | Ctrl+8 | 缩放比率1600% | Ctrl+6 |
| 选区符合窗口大小（S） | Ctrl+Alt+0 | 文档符合窗口大小（F） | Ctrl+0 |
| 完整显示（D） | Ctrl+K | 隐藏所选（H） | Ctrl+L |
| 显示全部（A） | Ctrl+Shift+L | 标尺（R） | Ctrl+Alt+R |
| 显示网格（G） | Ctrl+Alt+G | 对齐网格（S） | Ctrl+Alt+Shift+G |
| 显示引导线（U） | Ctrl+; | 锁定引导线（L） | Ctrl+Alt+; |
| 对齐引导线（S） | Ctrl+Shift+; | 切片引导线（L） | Ctrl+Alt+Shift+; |
| 隐藏边缘（E） | F9 | 隐藏面板（P） | F4，Tab |
| 选择全部（S） | Ctrl+A | 取消选择（D） | Ctrl+D |
| 整体选择（E） | Ctrl+→ | 部分选定（U） | Ctrl+← |
| 反选（V） | Ctrl+Shift+I | 修剪画布（T） | Ctrl+Alt+T |
| 符合画布（F） | Ctrl+Alt+F | 选择动画（A）… | Alt+Shift+F8 |
| 转换为元件（C）… | F8 | 补间实例（T）… | Ctrl+Alt+Shift+T |
| 平面化所选（F） | Ctrl+Alt+Shift+Z | 向下合并（D） | Ctrl+E |

网络媒体设计与制作

（续表）

| 任意变形（T） | Ctrl+T | 数值变形（N）… | Ctrl+Shift+T |
|---|---|---|---|
| 旋转90°顺时针 | Ctrl+Shift+9 | 旋转90°逆时针 | Ctrl+Shift+7 |
| 移到最前（F） | Ctrl+Shift+↑ | 向前移动（B） | Ctrl+↑ |
| 向后移动（S） | Ctrl+↓ | 移到最后（K） | Ctrl+Shift+↓ |
| 左对齐（L） | Ctrl+Alt+1 | 垂直居中（V） | Ctrl+Alt+2 |
| 右对齐（R） | Ctrl+Alt+3 | 顶对齐（T） | Ctrl+Alt+4 |
| 水平居中（H） | Ctrl+Alt+5 | 底对齐（B） | Ctrl+Alt+6 |
| 均分宽度（W） | Ctrl+Alt+7 | 均分高度（D） | Ctrl+Alt+9 |
| 合并路径（J） | Ctrl+J | 拆分路径（S） | Ctrl+Shift+J |
| 组合路径（G） | Ctrl+G | 取消组合路径（U） | Ctrl+Shift+G |
| 缩小字体（S） | Ctrl+Shift+, | 增大字体（L） | Ctrl+Shift+. |
| 粗体样式（B） | Ctrl+B | 斜体样式（I） | Ctrl+I |
| 左对齐（L） | Ctrl+Alt+Shift+L | 水平居中（C） | Ctrl+Alt+Shift+C |
| 右对齐（R） | Ctrl+Alt+Shift+R | 两端对齐（J） | Ctrl+Alt+Shift+J |
| 强制齐行（S） | Ctrl+Alt+Shift+S | 附加到路径（P） | Ctrl+Shift+Y |
| 转换为路径（C） | Ctrl+Shift+P | 检查拼写（S）… | Shift+F7 |
| 重复插件 | Ctrl+Alt+Shift+X | 新建窗口（N） | Ctrl+Alt+N |
| 显示\隐藏"工具"（T） | Ctrl+F2 | 显示\隐藏"属性"（P） | Ctrl+F3 |
| 显示\隐藏"答案"（A） | Alt+F1 | 显示\隐藏"优化"（O） | F6 |
| 显示\隐藏"层"（L） | F2 | 显示\隐藏"帧"（R） | Shift+F2 |
| 显示\隐藏"历史记录"（H） | Shift+F10 | 显示\隐藏"样式"（S） | Shift+F11 |
| 显示\隐藏"库"（Y） | F11 | 显示\隐藏"URL"（U） | Alt+Shift+F10 |
| 显示\隐藏"颜色混合器"（M） | Shift+F9 | 显示\隐藏"样本"（W） | Ctrl+F9 |
| 显示\隐藏"信息"（I） | Alt+Shift+F12 | 显示\隐藏"行为"（B） | Shift+F3 |

（续表）

| 显示＼隐藏"查找和替换（F） | Ctrl+F | | |
|---|---|---|---|

### 三、【其他】快捷键

| 下一帧 | PgDn，Ctrl+PgDn |
|---|---|
| 克隆并向上大幅推动 | Alt+Shift+↑，Ctrl+Alt+Shift+↑ |
| 克隆并向上轻推 | Alt+↑，Ctrl+Alt+↑ |
| 克隆并向下大幅推动 | Alt+Shift+↓，Ctrl+Alt+Shift+↓ |
| 克隆并向下轻推 | Alt+↓，Ctrl+Alt+↓ |
| 克隆并向右大幅推动 | Alt+Shift+→，Ctrl+Alt+Shift+→ |
| 克隆并向右轻推 | Alt+→，Ctrl+Alt+→ |
| 克隆并向左大幅推动 | Alt+Shift+←，Ctrl+Alt+Shift+← |
| 克隆并向左轻推 | Alt+←，Ctrl+Alt+← |
| 前一帧 | PgUP，Ctrl+PgUP |
| 向上大幅推动 | Shift+↑ |
| 向上轻推 | ↑ |
| 向下大幅推动 | Shift+↓ |
| 向下轻推 | ↓ |
| 向右大幅推动 | Shift+→ |
| 向右轻推 | → |
| 向左大幅推动 | Shift+← |
| 向左轻推 | ← |
| 播放动画 | Ctrl+Alt+P |
| 用所选填充象素 | Alt+退格，Alt+DEL |
| 粘贴于内部 | Ctrl+Shift+V |
| 编辑位图 | Ctrl+E |
| 退出位图模式 | Ctrl+Shift+E |

# 附录 4
# Flash 快捷键表

一、【文件】菜单命令快捷键

| 新建文档 | Ctrl+N | 打开文档 | Ctrl+O |
|---|---|---|---|
| 导入 | Ctrl+R | 关闭 | Ctrl+W |
| 保存 | Ctrl+S | 另存为 | Ctrl+Shift+S |
| 检查链接 | Shift+F8 | 退出 | Ctrl+Q |
| 导出影片 | Ctrl+Alt+Shift+S | 发布设置 | Ctrl+Shift+F12 |
| 以 HTML 格式预览 | F12 | 发布 | Shift+F12 |
| 打印 | Ctrl+P | | |

二、【编辑】菜单命令快捷键

| 撤消 | Ctrl+Z | 重复 | Ctrl+Y |
|---|---|---|---|
| 剪切 | Ctrl+X | 拷贝 | Ctrl+C |
| 粘贴 | Ctrl+V | 粘贴到当前位置 | Ctrl+Shift+V |
| 清除 | Delete | 复制 | Ctrl+D |
| 全选 | Ctrl+A | 取消全选 | Ctrl+Shift+A |
| 剪切帧 | Ctrl+Alt+X | 查找和替换 | Ctrl+F |
| 拷贝帧 | Ctrl+Alt+C | 粘帖帧 | Ctrl+Alt+V |
| 清除帧 | Alt+Backspace | 选择所有帧 | Ctrl+Alt+A |
| 编辑元件 | Ctrl+E | 参数选择 | Ctrl+U |

三、【视图】菜单命令快捷键

| 第一个 | Home | 前一个 | Page Up |
|---|---|---|---|
| 后一个 | Page Down | 工作区 | Ctrl+Shift+W |

（续表）

| 标尺 | Ctrl+Alt+Shift+R | 显示网格 | Ctrl+' |
|---|---|---|---|
| 最后一个 | End | 放大 | Ctrl+= |
| 缩小 | Ctrl+- | 100%画面 | Ctrl+1 |
| 显示帧 | Ctrl+2 | 全部显示 | Ctrl+3 |
| 轮廓 | Ctrl+Alt+Shift+O | 高速显示 | Ctrl+Alt+Shift+F |
| 消除锯齿 | Ctrl+Alt+Shift+A | 消除文字锯齿 | Ctrl+Alt+Shift+T |
| 时间轴 | Ctrl+Alt+T | 对齐网格 | Ctrl+Shift+' |
| 编辑网格 | Ctrl+Alt+G | 显示辅助线 | Ctrl+; |
| 锁定辅助线 | Ctrl+Alt+; | 对齐辅助线 | Ctrl+Shift+; |
| 编辑辅助线 | Ctrl+Alt+Shift+G | 对齐对象 | Ctrl+Shift+/ |
| 显示形状提示 | Ctrl+Alt+H | 隐藏边缘 | Ctrl+H |
| 隐藏面板 | F4 | | |

## 四、【插入】菜单命令快捷键

| 转换为元件 | F8 | 新建元件 | Ctrl+F8 |
|---|---|---|---|
| 新加帧 | F5 | 删除帧 | Shift+F5 |
| 清楚关键帧 | Shift+F6 | | |

## 五、【修改】菜单命令快捷键

| 场景 | Shift+F2 | 文档 | Ctrl+J |
|---|---|---|---|
| 优化 | Ctrl+Alt+Shift+C | 添加形状提示 | Ctrl+Shift+H |
| 缩放与旋转 | Ctrl+Alt+S | 顺时针旋转 90 度 | Ctrl+Shift+9 |
| 逆时针旋转 90 度 | Ctrl+Shift+7 | 取消变形 | Ctrl+Shift+Z |
| 移至顶层 | Ctrl+Shift+Up | 上移一层 | Ctrl+Up |
| 下移一层 | Ctrl+Down | 移至底层 | Ctrl+Shift+Down |
| 锁定 | Ctrl+Alt+L | 解除全部锁定 | Ctrl+Alt+Shift+L |
| 左对齐 | Ctrl+Alt+1 | 水平居中 | Ctrl+Alt+2 |
| 右对齐 | Ctrl+Alt+3 | 顶对齐 | Ctrl+Alt+4 |
| 转换成关键帧 | F6 | 垂直居中 | Ctrl+Alt+5 |
| 底对齐 | Ctrl+Alt+6 | 按宽度均匀分布 | Ctrl+Alt+7 |

（续表）

| 按高度均匀分布 | Ctrl+Alt+9 | 设为相同宽度 | Ctrl+Alt+Shift+7 |
|---|---|---|---|
| 设为相同高度 | Ctrl+Alt+Shift+9 | 相对舞台分布 | Ctrl+Alt+8 |
| 转换为空白关键帧 | F7 | 组合 | Ctrl+G |
| 取消组合 | Ctrl+Shift+G | 分离 | Ctrl+B |
| 分散到图层 | Ctrl+Shift+B | | |

### 六、【文本】菜单命令快捷键

| 正常 | Ctrl+Shift+P | 粗体 | Ctrl+Shift+B |
|---|---|---|---|
| 斜体 | Ctrl+Shift+I | 左对齐 | Ctrl+Shift+L |
| 居中对齐 | Ctrl+Shift+C | 右对齐 | Ctrl+Shift+R |
| 两端对齐 | Ctrl+Shift+J | 增加间距 | Ctrl+Alt+Right |
| 减小间距 | Ctrl+Alt+Left | 重置间距 | Ctrl+Alt+Up |

### 七、【控制】菜单命令快捷键

| 播放 | Enter | 后退 | Ctrl+Alt+R |
|---|---|---|---|
| 前进一帧 | 。 | 后退一帧 | ， |
| 测试影片 | Ctrl+Enter | 调试影片 | Ctrl+Shift+Enter |
| 测试场景 | Ctrl+Alt+Enter | 启用简单按钮 | Ctrl+Alt+B |

### 八、【窗口】菜单命令快捷键

| 新建窗口 | Ctrl+Alt+N | 时间轴 | Ctrl+Alt+T |
|---|---|---|---|
| 工具 | Ctrl+F2 | 行为 | Shift+F3 |
| 属性 | Ctrl+F3 | 对齐 | Ctrl+K |
| 混色器 | Shift+F9 | 颜色样本 | Ctrl+F9 |
| 信息 | Ctrl+I | 场景 | Shift+F2 |
| 变形 | Ctrl+T | 动作 | F9 |
| 隐藏面板 | F4 | 影片浏览器 | Alt+F3 |
| 编译器错误 | Alt+F2 | 输出 | F2 |
| 辅助功能 | Alt+F11 | 组件 | Ctrl+F7 |
| 组件检查器 | Shift+F7 | 库 | Ctrl+L |